ICH WAR NOCH NIEMALS IN NEW WORK

Ameise Ada und ihre Vision vom agilen Ameisenhaufen

Vera Starker

Mit Illustrationen
von Matthias Schneider

Text und Idee: Vera Starker
Illustrationen: Matthias Schneider
Grafik und Layout: Joanna Wilkans
Lektorat: Susanne Schulten
Druck und Bindung: Lokay Umweltdruckerei

Die Umwelt liegt uns am Herzen! Nachhaltiges Papier, Ökodruckfarben und klimafreundlicher Druck in Deutschland sind für uns selbstverständlich.

Rossberg in der RBV Verlag GmbH
Neue Promenade 7
15377 Buckow (Märkische Schweiz)
www.rossberg-verlag.de

Alle Rechte vorbehalten
1. Auflage Buckow 2021
© 2021 RBV Verlag GmbH
Neue Promenade 7
15377 Buckow (Märkische Schweiz)
ISBN: 978-3-948612-08-5

Inhaltsverzeichnis

Vorwort	5
Ada	9
Die Sehnsucht nach New Work	17
Die Anderen	29
CQO	39
Berater beraten	51
Die alte weise Ameise	63
Ada zieht aus	73
Es geht los	91
Viel gelernt auf dem Weg nach New Work	103
PS	110
Zitate	135
Literaturverzeichnis	137
Stimmen zum Buch	142

Für alle, die sich beherzt für Neues Arbeiten einsetzen und für die, die damit starten! Und für Luise. Auf dass eine bessere Arbeitswelt auf sie und ihre Generation warten möge.

Unser Dank gilt Frithjof Bergmann, dem unermüdlichen und mutigen Verfechter einer lebenswerten (Arbeits-)Welt.

*„Now it depends on us."
Frithjof Bergmann, PHD, Begründer der „New Work"-Bewegung*

Vorwort

Ich war noch niemals in New Work, seufzt Ameise Ada. New Work klingt für Ada nach Aufbruch und Zukunft. Und geht es nicht vielen von uns so? Wir sehnen uns nach einer sinnvollen Tätigkeit, nach Respekt, Verantwortung. Kurz: Wir wollen auch in unserer Arbeit wie Erwachsene behandelt werden.
Dass das nicht so selbstverständlich ist, merkt Ada in ihrem Ameisenhaufen schnell. Sie hinterfragt die Gewohnheiten und handelt sich damit Ärger ein: Wieso ist Hierarchie unantastbar? Wieso reden bestimmte Ameisengruppen nicht miteinander? Wieso scheint es keiner zu bemerken, dass es dem Ameisenhaufen immer schlechter geht? Und wofür, zum Teufel, ist ein Seminar „Agiles Putzen" gut?
Gott sei Dank hat Ada einen Freund: Paul. Er hält zu ihr, auch wenn er manchmal nicht ganz mitkommt, bei dem Tempo, das Ada vorlegt. Zuerst habe ich beim Lesen über Paul gelächelt, bis ich gemerkt habe: Jeder von uns ist ein bisschen Paul. Und jeder von uns wäre gern ein wenig Ada. Beide verkörpern die beiden Sehnsüchte unseres Menschseins: das Bedürfnis nach Sicherheit und den Drang nach Freiheit. Und genau dieses Paradoxon macht das Buch zu einer wirk-

mächtigen Erzählung, die uns am Beispiel eines schlichten Ameisenhaufens augenzwinkernd den Spiegel einer reformbedürftigen, doch leider weitläufig veränderungsresistenten Arbeitswelt vorhält. Vera Starker schafft es mit ihrem Buch, New Work nicht nur zu erdenken, sondern auch zu erfühlen – etwas, das ein reines Fachbuch weder leisten kann noch will. Aber genau das ist wichtig, wenn man das Neue – den Vorstellungsraum New Work – erobern will. New Work ist für den Einzelnen, für Unternehmen und für die Gesellschaft immer auch eine Frage des Mutes – und den erzeugt das Herz, nicht der Kopf. Beides zusammen aber brauchen wir für eine kraftvolle Vision von New Work, wenn es über eine Management-Mode oder wohlfeile Aspekte wie Homeoffice oder Digitalisierung hinausgehen soll.

Bleibt die Frage: Müssen wir alle wie Ada sein? Nein. Aber wir sollten Ameisen (und Menschen) wie Ada nicht länger daran hindern, uns zu inspirieren und unseren Alltag reicher und, ja, auch ein wenig anstrengender zu machen. Freiheit, Selbstverantwortung, Sinn, Entwicklung und soziale Verantwortung sind, wie Ada einmal richtig feststellt, die Koordinaten einer zukunftsfähigen Arbeitswelt. Und nicht nur das: Sie sind die Eckpfeiler eines gelungenen Menschseins. So führt uns die Fabel von Ada, der Ameise, zurück zu uns selbst, zu unseren Wünschen, unseren Potenzialen und zu einer Tätigkeit, die wir wirklich, wirklich wollen. Nicht nur um unserer selbst willen, sondern auch, um etwas zu geben. Damit wir als Gesellschaft aneinander wachsen – und Seminare über „Agiles Putzen" endgültig auf den Ameisenhaufen der Geschichte werfen können.

Markus Väth
Nürnberg, Februar 2021

WER VISIONEN HAT, SOLLTE SIE UMSETZEN

(Und nicht zum Arzt gehen.)

Ada

Es war einmal eine kleine Ameise. Die hieß Ada. Adas Ameisenstamm bestand aus einer effizient organisierten Ameisengesellschaft. Jede Ameise hatte eine festgelegte Aufgabe, um zur Leistung und zum ökologischen Erfolg des Stammes beizutragen. Welche Ameise welche Aufgabe übernahm, war seit jeher an ihr Alter gebunden und wurde nicht hinterfragt: Junge Ameisen wurden in der Brutpflege eingesetzt, dann wechselten sie mit fortschreitendem Alter in die Rolle der Putz-Ameise. Die älteren Ameisen gingen auf Nahrungssuche oder waren Teil der Spezialtrupps, die für eine konstante Temperatur im Ameisenbau zuständig waren. Kühlte der Ameisenhaufen zu sehr ab, ließ sich der Außentrupp in der Sonne aufwärmen und brachte so die Wärme in den Bau hinein. Bei zu hoher Temperatur bohrten die Ameisen der Kühltrupps Löcher in den Ameisenhaufen, um einen kühlen Luftzug zu ermöglichen.
Und es gab – aus Adas Sicht der tollste Job im ganzen Ameisenuniversum – die Strategieameisen. Diese waren für den erfolgreichen Fortbestand des Ameisenstamms verantwortlich. Dazu gehörte auch das Weiterentwickeln des Standorts sowie der Konstruktion

und der Beschaffenheit des Ameisenhügels. Dieser allertollste Job der Welt war leider einzig den Führungsameisen und der Königin vorbehalten. Ada träumte oft davon, in diesem Team die Zukunft ihres Stammes mitzugestalten.

Aber es gab nun mal feste Positionen, die jeweils in Abteilungen organisiert wurden, und alles war – wie ihr jede Ameise im Stamm ständig versicherte – nahezu perfekt und maximal effizient organisiert.

Die Ameisen der unterschiedlichen Abteilungen begegneten sich selten, da sie sich jeweils nur in den Nestarealen bewegten, die für ihre Tätigkeit notwendig waren. So blieben die Brutpflegeameisen im inneren Bereich, die Sammelameisen durchstreiften dagegen die Außenbereiche der Kolonie und nur die Putz-Ameisen wuselten in den einzelnen Bereichen herum. Somit hatten die Ameisen den meisten Kontakt zu denjenigen, die in der gleichen Funktion arbeiteten. Dort fand daher auch der intensivste Informationsaustausch statt.

Die Führungsameisen Jim und Tim und die Ameisenkönigin bekamen die Arbeitsameisen selten zu Gesicht. Meist berieten die Strategieameisen hinter verschlossenen Türen über die Zukunft ihres Stammes. Ergebnisse dieser Beratungen wurden in der Ameisenpostille veröffentlicht, dem hügelinternen Kommunikationsblatt, das die wichtigsten Entscheidungen für alle zusammenfasste. Die Postille erschien jedoch sehr selten. Und überhaupt, was sollte eine Brutpflege-Ameise auch mit strategischen Entscheidungen anfangen können? Es schien den Ameisen zu genügen, dass sich die Führungsameisen darum kümmerten. Allen – mit Ausnahme von Ada. Tag für Tag ging Ada ihrer Aufgabe im Ameisenstaat nach. Aufgrund ihrer Jugend war sie gemeinsam mit ihrem besten Freund Paul zur Brutpflege eingeteilt. Nicht dass diese Aufgabe Ada keinen Spaß machte. Aber der kommende Job, der für sie bestimmt war, erfüllte sie mit Grauen. Putz-Ameise! Ausgerechnet putzen! Wo Ada doch putzen so sehr hasste. Bereits das tägliche Aufräumen ihres Zimmers war ihr zuwider. Ada hätte sich sehr viel lieber den Klimatrupps angeschlossen. Doch ihr ganz großer Traum war es natürlich, Strategieameise zu werden! Planen, konstruieren und in großen Zusammenhängen denken – das war ihre ganz besondere Leidenschaft.

Zudem beobachtete sie Tag für Tag, wie sich der Ameisenhaufen durch die steigenden Außentemperaturen immer stärker erwärmte. Die Klimatrupps versuchten zwar, möglichst viele Löcher in den Ameisenbau zu graben, um den Bau zu kühlen, aber das wurde immer schwieriger, da sie nicht beliebig viele Löcher graben konnten, ohne die Statik des Ameisenhaufens zu gefährden. Aus Adas Sicht lag das Problem darin, dass der Ameisenhügel aus einer Zeit stammte, die noch kühlere Sommertemperaturen verzeichnet hatte, und dementsprechend war der Hügel in die Höhe gebaut. Mit der stetig steigenden Außentemperatur kam diese Konstruktion jedoch nicht mehr zurecht.

Ada stellte sich viele Fragen. Warum war es auf einmal so heiß? Warum reagierte keiner darauf? Warum planten sie ihren Hügel nicht grundsätzlich um und passten ihn an die neue Situation an? Vielleicht sollte man künftig besser neue Hügelkonstruktionen erproben? Sie hatte so viele Ideen und Gedanken, über die sie sich gerne ausgetauscht hätte. Und überhaupt, warum wurden den Ameisen Aufgabenbereiche strikt zugewiesen, und man erhielt keine Möglichkeit, in Positionen zu arbeiten, für die man brannte und die besten Ideen hatte? Sie hätte so gern die großen Pläne mitgestaltet! Vor diesem Hintergrund war es für sie noch viel demotivierender, demnächst in den Putztrupp wechseln zu müssen. Schlimmer als demotivierend. Niederschmetternd war es!

„Ada, träumst du schon wieder?", fragte Paul etwas ungeduldig und stupste Ada an. Sie steckten mitten in der Brutpflege. Paul kannte

den leicht abwesenden Gesichtsausdruck, den Ada aufsetzte, wenn sie mal wieder in Gedanken war, mittlerweile sehr gut.

„Paul, merkst du nicht, dass es immer wärmer wird?" Das war Paul noch nicht aufgefallen. Aber jetzt, wo Ada ihn darauf hinwies, konnte er ihr nur zustimmen.

„Ja, kann sein, dass du recht hast. Aber es hilft ja nichts. Wir müssen unseren Job hier gut machen, damit wir von den Führungsameisen entsprechend gut bewertet werden. Die Monatsbewertungsgespräche stehen wieder an. Beim letzten Mal hast du nicht besonders gut abgeschnitten, erinnerst du dich? Außerdem, wenn du deine Zeit mit Träumen verbringst, dann werden wir hier nie fertig", antwortete er in möglichst strengem Tonfall.

Tief in seinem Inneren hatte Paul viel Verständnis für Ada. Sie war ihm die liebste Ameise von allen und schon immer etwas anders gewesen als die anderen. Noch nie hatte Paul eine Ameise getroffen, die so viele Träume und so kluge Ideen hatte.

Sie tat ihm aber auch ein bisschen leid, weshalb er sie stets verteidigte, wenn andere Ameisen über sie schimpften. Das passierte eigentlich immer, wenn Ada versuchte, auch mit den Kolleginnen und Kollegen über ihre Ideen zu sprechen. Statt Begeisterung erntete sie zumeist Ärger, Unverständnis, sogar Entrüstung.

„So etwas hätte es bei uns damals, als ich noch jung war, nicht gegeben. Die heutige Generation ist faul, fordernd und schaut nur auf ihre eigenen Bedürfnisse", empörte sich einst eine Ameise, als sie hörte, welche anmaßenden Fragen Ada gestellt hatte. Also wirklich! Man musste sich im System hochdienen. So war das nun einmal. Wo käme man hin, wenn junge, unerfahrene Ameisen auf einmal über die Geschicke des Ameisenstammes mitbestimmen wollten und könnten?

Ärger und Entrüstung als Reaktion auf ihre Fragen und Ideen war Ada inzwischen schon gewohnt. Worüber sie sich aber am meisten ärgerte war, wenn sie belächelt, oder ihr – und das war wirklich das Allerschlimmste – gar der Kopf und die Fühler getätschelt und sie mit gönnerhaften Blicken bedacht wurde.

Auch die Ameisen von der Betreuungsabteilung – den Ant Ressources – konnten ihr nicht wirklich weiterhelfen. Ada war dort vorstellig geworden und hatte ihre Ideen vorgetragen. Sie wollte beweisen, dass sie trotz ihres jungen Alters schon berufen wäre für die Kühltrupps. Wäre Ada nämlich erst einmal dort, könnte sie es von da aus vielleicht sogar in die Strategieabteilung schaffen, da diese in – wenn auch unregelmäßiger – Kommunikation mit den Klimatrupps stand.

Aber auch die AR-Abteilung hatte ihre Regeln und Vorgaben. Und es gab nun einmal eine Hierarchie, an die auch diese Abteilung sich

halten musste. Die AR-Mitarbeiterin, mit der Ada gesprochen hatte, versuchte ihr Mut zu machen und hatte ihr – ganz im Vertrauen – berichtet, dass die Ameisenkönigin einiges zu verändern gedachte. Viel wusste sie zwar nicht zu berichten, weil die AR-Abteilung bei den strategischen Beratungen leider nicht anwesend sein durfte. Aber über den informellen Hügelfunk hatte sich das Gerücht schnell verbreitet. Außerdem würde die AR-Abteilung eine Seminarreihe „Die agile Ameise" planen! Darauf könne Ada sich schon freuen und diese tollen neuen Ideen ja dann in der Brutpflege und später bei den Putztrupps umsetzen. Agiles Putzen?, dachte Ada. Was bitte soll das denn sein? Sie hatte wenig Hoffnung, dass es irgendetwas gab, was diese Arbeit für sie interessanter machen könnte.

Ada war enttäuscht von dannen gezogen und hatte sich – neben ihrer Brutpflegetätigkeit – ihren Tagträumen gewidmet, wie Arbeit anders gestaltet werden könnte.

ES GIBT KEIN RICHTIGES IM FALSCHEN

(Echt, echt wirklich nicht!)

Die Sehnsucht nach New Work

Eines Abends saß Ada nach getaner Arbeit an ihrem Lieblingsort und schaute hinab ins Tal. In Gedanken war sie bei ihrer aufregenden Begegnung mit einer Ameise von einem anderen Bau, die sie bei einem ihrer eigentlich verbotenen Streifzüge durch den Wald kennengelernt hatte. Ihr Name war Josefine und sie hatte Ada berichtet, dass ihr Ameisenhügel von allen im Stamm gemeinsam von Grund auf neu organisiert wurde. Gemeinsam! Ada hatte gezittert vor Aufregung.

„Die alte hierarchische Rollenverteilung ist einfach nicht mehr zeitgemäß", wusste Josefine bei ihrer Begegnung selbstbewusst zu berichten. „Bei uns dürfen jetzt alle Ameisen Verantwortung übernehmen, und wir organisieren uns in Teams und haben alte Abteilungen und bisherige Strukturen zugunsten einer neuen Aufstellung aufgelöst, die sich nicht auf innere Abläufe fokussiert, sondern auf den Auftraggeber, den Wald."
Ada traute ihren Fühlern nicht. Was die begeisterte Ameise erzählte, sprach ihr förmlich aus dem Herzen! Josefine durfte – im Gegensatz zu Ada – sogar eigenverantwortlich Streifzüge durch den Wald

unternehmen! Sie sollte alles Mögliche ausprobieren und Erfahrungen sammeln, lautete die Devise ihres Stammes. Das würde dem Stamm zugutekommen, denn sie könnten alle davon lernen und profitieren.

Ada hätte sich am liebsten den ganzen Tag mit ihr unterhalten, musste aber schleunigst zusehen, dass sie nach Hause kam. Sie würde sonst schon wieder eine schlechte Bewertung von der Führungsameise Tim erhalten, dem Vorgesetzten für die Brutpflegeabteilung. Die Erreichung ihrer Monatsziele war – Ada seufzte – sowieso mal wieder in Gefahr.

Über all das dachte Ada, auf dem Baumstamm sitzend nach, als sich ihr Freund Paul neben sie setzte.

„Paul, stell dir vor. Ich bin nicht allein mit meinen Ideen! Ich habe Josefine, eine junge Ameise von einem anderen Stamm, kennengelernt. Sie hat mir davon erzählt, wie sie und ihre Leute bei sich Arbeit gemeinsam neu organisieren!" Ada strahlte. Paul zuckte zusammen. Ada war schon wieder durch den Wald gestreift! Sie hatte sich deswegen bereits eine Abmahnung eingehandelt, als sie erwischt worden war. Da half es auch nicht, dass Ada bereits mit ihrer Arbeit fertig gewesen war und diese sehr gut erledigt hatte. Sie hatte etwas getan, was einer Ameise ihres Alters nicht zustand. Paul empfand die Abmahnung zwar als ungerecht, aber Regeln waren nun einmal Regeln.

„Ada, du weißt ...", setzte Paul beklommen an, um Ada zu ermahnen, aber Ada unterbrach ihn aufgeregt.

„Paul du weißt doch, dass ich im Wald das blaue Papier mit dieser Briefmarke und dem tollen Bild darauf gefunden habe, die nun in meinem Zimmer hängt?" Paul erinnerte sich nur zu gut daran. Da stand „New ork" oder so etwas Ähnliches drauf, denn eine Ecke der Briefmarke war abgerissen. Die beiden jungen Ameisen hatten viel darüber gerätselt, was die Buchstaben bedeuteten, und Paul hatte Ada schließlich geholfen, die Briefmarke von dem Luftpostbrief abzuziehen und in ihr Zimmer zu tragen. Noch heute brach ihm bei dem Gedanken daran der kalte Schweiß aus. Das hätte schlimme Konsequenzen gehabt, wenn sie damals erwischt worden wären. Aber diese Briefmarke war Adas größter Schatz. Sie hatte sogar ihre Frisur verändert, um der wie ein Mensch aussehenden Statue auf der Briefmarke möglichst ähnlich zu sehen. Diese hatte eine Art Krone auf dem Kopf, ein Buch und eine Fackel in den Händen, stand hoch aufgerichtet auf zwei Beinen, wie Menschen das taten, und blickte dabei sehr entschlossen und stolz in die Ferne. Als ob sie in die Zukunft schauen würde.

„Ich weiß jetzt, was da eigentlich steht", erklärte Ada ihm aufgeregt. „New Work!!" Erwartungsvoll schaute sie Paul an. Paul war verwirrt. New Work? Was sollte das denn bedeuten?

„Mensch Paul, ist doch klar. Das beschreibt die neue Art zu arbeiten, von der mir Josefine berichtet hat! Neues Arbeiten heißt New Work, verstehst du? Ich hab's immer gewusst! Und in dem Buch, das die Frau auf der Briefmarke in der Hand hält, steht bestimmt, wie man Arbeit ganz anders organisieren kann. Ganz sicher!"

Paul erinnerte sich dunkel an seine rudimentären Englischkenntnisse.

„Aha", antwortete er vorsichtig. „Aber ..." Wieder kam er nicht weit.

„Es gibt also ein Land, einen Ort, wo es das schon gibt. New Work. Und ich, ich war nur noch niemals dort, in New Work." Ada strahlte. Sie hatte wieder Hoffnung geschöpft. Wenn es New Work schon gab, dann könnte es doch auch in ihrem Ameisenstamm möglich sein. Paul hatte sich mittlerweile gefasst.

„Ada, du redest ein bisschen durcheinander. Jetzt erklär mir doch erst einmal in Ruhe, was du meinst."

„Also ... im Kern geht es bei New Work um Freiheit, Selbstverantwortung, Sinn, Entwicklung und soziale Verantwortung", begann Ada ihre Erklärung. „Wenn wir immer nur das Gleiche tun, tagein, tagaus, dann entwickeln wir uns nicht weiter. Wir brauchen Neugier, Mut und Zuversicht, um für unsere Zukunft den besten Weg zu finden. Aber hier bei uns ist es doch so: Seit jeher arbeitet jede Ameise in ihrer jeweiligen Abteilung, und die hat nur wenig Kontakt zu anderen Abteilungen. Und so hat jede Ameise und damit auch jede Abteilung nur einen Einblick in den Arbeitsbereich, mit dem sie sich gerade beschäftigt. Eine Art Silo." Paul sah sie mit großen Augen fragend an.

„Silo?" Ada ließ sich nicht beirren.

„Du wirst gleich verstehen, was ich meine. Am Hitzeproblem kann man das sehr gut erklären. Die Wärme-Ameisen haben kaum noch was zu tun, hängen rum und warten auf Befehle. Die Kühltrupps dagegen gehen in Arbeit unter und bringen unseren

Hügel statisch in Gefahr, wenn sie immer mehr Kühllöcher bohren. Und die Strategieameisen tauschen sich kaum mit den unteren Ebenen aus, weil sie sich als Führungsameisen verstehen und sich die anderen Ameisen nicht auf ihrem Level befinden. Und deshalb haben sie keine Ahnung von dem, was nicht gut läuft. Aber so können wir einfach nicht den richtigen Weg finden, um diese neuen Herausforderungen zu bewältigen. Wir müssen miteinander reden, kooperieren, Erfahrungen austauschen, voneinander lernen, Teams bilden, die Verantwortung tragen dürfen und anfangen, gemeinsam neue Lösungen zu entwickeln. Teams, die einfach mal die Möglichkeit bekommen zu experimentieren!"

Pauls Augen wurden größer und größer. Experimentieren? Wie bitte? Dieses Wort hätte in ihrem Stamm große Chancen, zum Unwort des Jahres gewählt zu werden ...

„Das bedeutet natürlich auch", fuhr Ada fröhlich fort, „dass wir mehr Fehler machen werden als bislang. Das lässt sich gar nicht vermeiden beim Experimentieren." Paul fuhr zusammen – Fehler, oh nein, das war das Schlimmste überhaupt –, aber sie ignorierte sein Entsetzen. „Und die Führungsameisen Jim und Tim, aber auch die Ameisenkönigin, sollen uns das nicht nur erlauben, sondern uns darin bestärken, Neues auszuprobieren. Und sie müssen natürlich auch selbst Neues ausprobieren – das versteht sich von allein."
Mittlerweile rutschte Paul nervös auf seinem Platz hin und her und wünschte sich, er wäre ganz woanders. Er hatte – um ehrlich zu sein – einen Höllenrespekt vor Jim und Tim. Ada hatte ihm mal vorgeworfen, dass er tatsächlich Angst vor den beiden habe. Und wahrscheinlich hatte sie sogar recht. Na und? Die beiden sahen nicht einfach nur ziemlich streng aus, nein, sie verteilten die Monatsbewertungen! Man war quasi von ihnen abhängig. Wie konnte man da keine Angst vor ihnen haben?

Paul bemerkte, dass Ada unablässig weitersprach und konzentrierte sich wieder auf ihre Ausführungen. „... und deswegen braucht es eine Mut- und Ausprobier-Kultur, verstehst du?" Ada sah Paul fragend an. Dieser nickte zaghaft und bedeutete ihr, fortzufahren. Mut! Schlimmer konnte es ja kaum noch kommen. Aber er irrte. Es kam noch viel schlimmer ...

„Und nun kommen wir zu meiner Lieblingsstelle. New Work heißt Selbstverantwortung! Wir wollen als Stamm ja voll handlungsfähig und weiterhin ökologisch effizient sein. Das geht aber nur, wenn wir alle mehr Verantwortung bekommen und übernehmen. Nur so können wir schneller auf Veränderungen reagieren. Ich bin fest davon überzeugt, dass viele Ameisen gern mehr Verantwortung hätten und großartige Ideen haben, unseren Stamm noch besser zu machen. Aber wer traut sich schon, seine Ideen vorzubringen, wenn sich die Ameisenkönigin, Jim und Tim die strategischen Gedanken immer vorbehalten. Uns hat ja noch nie jemand gefragt, geschweige denn darauf vertraut, dass wir etwas Sinnvolles über unsere Rolle hinaus beizutragen haben!"

Die Führungsrollen von Jim und Tim abschaffen? Einfach so? Paul bekam es nun wirklich mit der Angst zu tun. Vor seinem inneren Auge konnte er die Szene schon sehen, wie Ada vom Stamm verstoßen wurde, weil sie mit ihren radikalen Gedanken aufgeflogen war. Ada mochte ja durchaus recht haben in Bezug auf die Sache mit der Verantwortung. Paul selbst hatte mal einen vorsichtigen Vorschlag zur Verbesserung der Brutpflege vorgebracht. Sein Vorgesetzter Tim hatte aber nur säuerlich geschaut, den Vorschlag zwar aufgeschrieben, dazu aber nie wieder etwas gesagt. Später dann hatte er Pauls Vorschlag, sehr zum Ärger von Ada, als seine eigene Idee verkauft. Paul aber war zufrieden gewesen, ihm hatte dies als Anerkennung ausgereicht, weshalb er Adas Zorn nicht nachvollziehen konnte.

Denn immerhin hatte seine Idee ihren Weg ja gefunden. Aber Jim und Tim ihre Position streitig machen?

„Und, Ada, war's das jetzt mit deinen Ausführungen zu New Work?", fragte Paul hoffnungsvoll, wobei er den Begriff, als wäre er eine mit TNT gefüllte Kiste, die beim kleinsten Laut explodieren konnte, merkwürdig betonte, ungefähr so wie „Nju wörk".

„Im Gegenteil, Paul", antwortete Ada in bester Laune. „Unser Stamm hat doch eine ökologische Aufgabe, die es effizient zu erfüllen gilt. Wir sind wichtig für die Bodenqualität des Waldes. Unsere Arbeit hat Einfluss darauf, wie es dem gesamten Wald ergeht und dass seine Kreisläufe funktionieren. Wenn sich der Wald um uns herum verändert, können wir doch nicht einfach mit unserer alten Arbeitsweise weitermachen, die gar nicht mehr zu den neuen Bedingungen passt! Jede Ameise leistet ihren Beitrag für das große Ziel. Aber welchen Anteil sie daran hat, entscheidet bei uns bisher nicht ihre Kompetenz und auch nicht, wofür sie brennt. Nein. Einzig und allein von ihrem Alter ist es abhängig. Und selbst wenn eine Ameise älter wird, kann sie sich nicht aussuchen, was sie machen möchte. Es gibt starre Karrierewege. Mit ganz viel Glück und wenn man ganz, ganz viele positive Bewertungspunkte sammelt, darf man später vielleicht einmal Führungsameise werden und damit die Zukunft des Stammes mitgestalten. Aber, puh, wer hat denn einen so langen Atem bis dahin?" Fragend sah sie Paul an und erwartete ungeteilte Zustimmung. Ihr Freund jedoch war wieder mal nicht mitgekommen, vor allem, weil er ständig die Umgebung im Auge behielt ... nicht, dass Ada und er bei solch aufrührerischen Reden erwischt wurden! Zudem hatte er sich noch nie Gedanken darüber gemacht, ob er eine Führungsameise werden wollte. Er war einfach nur froh, wenn er so wenig wie möglich Kontakt zu Jim und Tim hatte.

„Jede Ameise", führte Ada weiter aus, als keine Reaktion kam,

„wirklich jede von uns sollte benennen können, wofür sie da ist, und sollte einen tieferen Sinn in ihrer Tätigkeit sehen. Und dieser Sinn liegt definitiv nicht darin, die besten Monatsbewertungen von der Führungskraft zu bekommen, andere zu kontrollieren oder zu verwalten! Ich spreche von einer Tätigkeit, die selbst gewählt ist, maximal ihren Fähigkeiten entspricht und Entwicklungsmöglichkeiten bietet. Eine Tätigkeit, die sie wirklich, wirklich will ..."

Ada seufzte, als sie sah, dass Pauls Augen mittlerweile Tellergröße angenommen hatten und dass ihr gestresster Freund ein bisschen blass geworden war. Denn Paul hatte keinen Zweifel daran, dass dies nun wirklich zu groß gedacht war. Er kannte keine andere Ameise, die sich je mit dem Sinn ihrer Tätigkeit auseinandergesetzt – geschweige denn, sich Gedanken über ihren eigenen Willen und ihre Wünsche gemacht hätte. Jede Ameise wusste eben, was sie zu tun hatte. Es war so wie es war. Und das schon immer. Und es war eine gute und zufriedenstellende Arbeit. Sie machte Spaß und hatte ja auch einige Freiräume zu bieten. Als er Letzteres Ada mitteilte, wurde sie wütend.

„Papperlapapp", entgegnete sie. „Wir Ameisen sind es lediglich nicht gewohnt, dass uns jemand fragt oder dass es überhaupt für jemanden wichtig sein könnte, was wir denken und fühlen. Kein Wunder, dass kaum eine Ameise benennen kann, was sie wirklich, wirklich will!"

Ada streckte überzeugt die Fühler nach vorn.

„Paul, es ist wichtig, dass wir uns weiterentwickeln, dass wir lernen und dass wir gemeinsam entscheiden, welchen Weg wir gehen!"

„Gemeinsam entscheiden? Gemeinsam entscheiden?" Paul japste vor Aufregung. Ihm wurde ganz schwummerig, weil seine schlimmsten Befürchtungen bestätigt zu werden schienen. Er schaute sich hektisch um und überprüfte erneut, ob vielleicht jemand in der

Nähe war, der Adas gefährliche Ideen hätte hören können. Derweil entgegnete Ada, die ahnte, was Paul derart in Schrecken versetzte:
„Nein, ich will Jim und Tim weder abschaffen noch degradieren. Ihre Rolle ändert sich nur radikal. Es ist für die Weiterentwicklung unseres Stammes nicht hilfreich, wenn nur einige wenige entscheiden und uns, die wir in den Rollen arbeiten und darin Experten sind, nicht einbeziehen. Das muss ja nicht bei allen Entscheidungen sein. Aber bei vielen ist es nicht nur möglich, sondern vor allem sinnvoll. Und nicht zuletzt: Wir sind als Ameisenvolk Teil eines großen Systems, in dem wir eine wichtige Rolle spielen. Wir dürfen nicht nur auf unser Wohl und unsere Organisation schauen, sondern müssen auch unserer Umgebung eine größere Aufmerksamkeit schenken. Den Bäumen zum Beispiel. Ihnen scheint es nicht gut zu gehen. Das siehst du doch auch, oder? Was können wir tun, um die Situation für sie zu verbessern? Das ist für uns überlebenswichtig, denn wenn der Wald stirbt, ist unser Ameisenhaufen schutzlos den Wetterbedingungen ausgeliefert. Ökologischer Egoismus ist für uns nicht gut, denn wir sind nun mal Teil eines Gesamtsystems und sollten dementsprechend auch Verantwortung dafür tragen."
Paul hatte Adas letzten Ausführungen schweigend und nun doch zunehmend fasziniert zugehört. Die Welt, die Ada ihm beschrieb, war wundervoll und beängstigend zugleich. Vor allem aber schien sie Millionen Lichtjahre entfernt zu sein. Bislang hatten ihn Adas Ideen zwar interessiert, aber er hatte sie nie als zusammenhängendes Konzept verstanden, den Entwurf einer neuen Art, miteinander zu arbeiten, der dazu führen würde, dass sich alle Ameisen von althergebrachten Strukturen und Rollen konsequent verabschiedeten. Aber das, was Ada vortrug und das er bisher nur als verworrenes, riskantes Knäuel von Ideen empfunden hatte – Ada-Ideen eben und

deshalb sowieso Träumereien –, ergab nun erstaunlicherweise einen alles umfassenden Sinn. Und sogar ihm, einer sehr sicherheitsorientierten Ameise, erschien es sehr attraktiv, in einer solchen Welt zu arbeiten!

Ada schaute ihn erwartungsvoll an. Sie hatte, soweit das überhaupt möglich war, vor lauter Begeisterung noch rötere Wangen als sonst und wippte mit dem ganzen Körper auf und ab. Sie war sich sicher, dass dies genau der richtige Weg war für ihren Stamm. Und zwar nicht nur, um das lästige Hitzeproblem zu lösen. Nein, hier ging es um etwas Größeres. Es ging um New Work! Eine neue Art zu arbeiten, die es jeder Ameise ermöglichte, die Dinge zu tun, die sie wirklich, wirklich tun wollte. Und wenn dies alle bei ihnen so machten, dann wären sie als Stamm noch viel stärker als zuvor, dem Wald würde es viel besser gehen und eigentlich könnte es kein Problem mehr geben, das sie nicht gemeinsam gelöst bekämen. Davon war Ada felsenfest überzeugt.

Paul holte tief Luft und nahm all seinen Mut zusammen. „Ada, ich habe zwar keine Ahnung, ob es funktioniert, aber du musst den anderen davon erzählen. Wenn viele von uns das gut finden, dann können Jim und Tim gar nicht anders, als dir zuzuhören. Und ebenso", er senkte ehrfürchtig Fühler und Stimme, „die Ameisenkönigin." Ada hingegen wurde jetzt etwas mulmig zumute. Kleinlaut murmelte sie: „Aber die anderen Ameisen beschimpfen mich oft. Oder noch schlimmer: Sie belächeln mich. Außer dir hat mir noch nie jemand richtig zugehört." Sie ließ den kleinen Kopf hängen.

„Ich helfe dir und unterstütze dich. Sie werden dir schon zuhören!", ermutigte Paul seine beste Freundin und tat selbstsicherer, als ihm eigentlich zumute war. Dann saßen sie noch eine Weile schweigend nebeneinander auf ihrem Lieblingsplatz und betrachteten die untergehende Sonne.

IST SO

(Weil es so ist.)

Die Anderen

Wie sollte sie es nur schaffen, die Anderen für ihre Ideen zu begeistern? Während Ada noch grübelte, hatte Paul sehr viele Ameisen aus unterschiedlichen Abteilungen zusammengetrommelt und gebeten, am freien Tag zum großen Platz vor dem Hügel zu kommen. Paul war allseits beliebt, so dass viele Ameisen ihm den Gefallen tun und kommen wollten.

Nun war der große Tag da, und Ada wollte sich am liebsten unter einem Stein verkriechen oder besser noch: auswandern! Sie hatte ein paarmal versucht, Josefine, die Ameise von dem anderen Stamm, wiederzusehen, denn sie hätte ihr so gern noch so viele Fragen gestellt. Aber sie war ihr nicht mehr begegnet und deshalb ganz auf sich allein gestellt. Sie betrachtete in ihrem Zimmer die Briefmarke an der Wand und versuchte sich Mut zuzusprechen. New Work! Es gab New Work wirklich. Der Beweis hing vor ihr an der Wand. Und es war zum absoluten Wohl ihres Stammes, ökologisch und auch sonst, dass sie dafür kämpfte, dass alle sich damit beschäftigten.

Sie hörte Paul nach ihr rufen, holte tief Luft und straffte die schmalen, roten Schultern. Na, wenn es schiefging, blieb ja immer noch

Sibirien. Sie seufzte und ihre Fühler zitterten ein bisschen.
Als sie auf den Platz kam, war dieser schon gefüllt mit Ameisen. Viele kannte sie. Einige lächelten ihr zumindest zu. In anderen Gesichtern sah sie die ihr leider so gut bekannte Skepsis und Missbilligung. Egal. Sie ging nach vorn, wo Paul zum Glück bereits stand, um sie zu unterstützen. Dankbar sah sie ihn an und holte tief Luft. Eine halbe Stunde lang erklärte Ada den anwesenden Ameisen, worüber sie bereits mit Paul gesprochen hatte. Am Beispiel des Hitzeproblems, so hoffte sie, mussten doch alle Ameisen verstehen können, was sie mitteilen wollte. Sie wünschte sich so sehr, dass die anderen erkannten, was schließlich das Wichtigste war: dass New Work eben nicht nur bedeutete, dass ihnen allen ihre Arbeit mehr Spaß machen und daher bessere Leistungen fördern würde, sondern in erster Linie dazu führen würde, dass große Probleme und Herausforderungen viel besser und ökologisch effektiver gelöst werden konnten!

Als Ada geendet hatte, war es so still auf dem Platz, dass man eine Tannennadel hätte fallen hören können. Dann traute sich die erste Ameise, eine Frage zu stellen.

„Warum sollten wir etwas ändern? Ich finde es gut so wie es ist! Ich weiß zwar nicht genau, was die Kühltrupps machen, aber ich glaube, sie machen einen tollen Job. Ich verstehe nicht, warum du das in Frage stellst!" Viele nickten zustimmend. Ermutigt durch diese ablehnende Haltung, meldeten sich weitere Ameisen mit kritischen Fragen.

„Ada, du bist eine Brutpflegerin. Wie kannst du dir anmaßen, strategische Fragen zu stellen, ganz zu schweigen davon, diese auch noch zu beantworten?", meldete sich eine Ameise aus dem Kühltrupp, die sich offenbar persönlich angegriffen fühlte. Ada ahnte, was die Kühltrupp-Arbeiterin dachte. Was hat sie, die junge Ameise, hier schon zu melden? Gerade eben geschlüpft und vorlaut und ... schon klar: Die hat doch nur keine Lust auf den Putztrupp. Das wissen hier doch alle! Die Arbeiterin hob die Stimme:

„Aber wo würden wir hinkommen, wenn hier alle nur noch machen würden, was sie wollen? Das Chaos wäre doch vorprogrammiert! Wir brauchen Vorgesetzte wie Jim und Tim, die uns klar sagen, was zu tun ist, und die die Verantwortung tragen. So kann schließlich nichts schiefgehen. Und wenn mal Fehler gemacht werden, dann ist man wenigstens nicht selbst schuld!"

Es wurde wild diskutiert und Ada kämpfte, argumentierte und versuchte, ihre Ansichten glaubhaft zu vermitteln. Paul unterstützte sie dabei, so gut er konnte.

„Ich möchte gar keinen kritisieren", erklärte Ada vermittelnd. „Aber merkt ihr denn nicht, wie viel sich um uns herum verändert hat? Wir können doch nicht einfach mit allem so weitermachen und gar nicht darauf reagieren. Und ich erzähle euch von New Work, weil ich glaube, dass wir diesen Veränderungen und Herausforderungen so besser begegnen können und wir uns dabei weiterentwickeln, weil wir durch einen tieferen Sinn in unserer Tätigkeit angetrieben werden!"

Die meisten Ameisen hatten, wie Paul bereits befürchtet hatte, noch nie über den Sinn ihrer Tätigkeit nachgedacht. Tieferer Sinn – da lachten doch die Blattläuse! Sie hatten zwar davon gehört, dass Jim und Tim in der Hügelpostille über „Purpose driven Anthills" geschrieben hatten, nachdem sie auf einem Seminar gewesen waren. Aber niemand hatte ein Wort davon verstanden. Und das hatte ihnen Angst gemacht, denn alles, was Ameisen nicht verstanden, machte sie unsicher, manche versetzte es sogar regelrecht in Panik. Und alles, was sie unsicher und ängstlich machte, wurde erst einmal abgewertet und abgelehnt.

„Ada, hat deine Idee etwas mit dem neuen Ansatz der Führungsameisen zu tun? Diesem ‚Purpose driven Anthills'?", fragte eine junge Ameise. „Ist es das?" Die anderen sahen Ada erwartungsvoll an, aber die schüttelte den Kopf. Sie hatte die Postille aufmerksam gelesen.

„Nein, das ist es nicht. Da geht es eher darum, dass es Berater gibt, die einem dabei helfen, den Sinn für die eigene Organisation und die eigene Arbeit zu finden. Weil das so doll motiviert." Ada verdrehte die Augen, machte eine kurze Pause und sah dann in die Runde. „Es muss doch keiner von einem anderen Hügel angerannt kommen und uns den Sinn unserer Arbeit hier im Ameisenstamm erklären. Wir haben einen Sinn. Schon immer! Den finden wir überall um uns herum: Es ist unser Wald! Unsere Tätigkeit ist sinnvoll für unser ganzes ökologisches System, in das wir eingebettet sind." Sie schaute in die Menge. Viele nickten langsam und flüsterten miteinander.

„Ihr alle wisst, dass ich nicht gerade gern putze." Zum ersten Mal waren ein paar Lacher zu hören und die Stimmung wurde etwas lockerer, denn so viel Offenheit waren Ameisen nicht gewohnt. „Aber auch ich sehe ein, dass Putzen eine wichtige Aufgabe ist und einen Sinn erfüllt, damit wir alle unseren jeweiligen anderen Tätigkeiten nachgehen können. Ohne die Putztrupps wäre das gar nicht möglich. Aber so können wir das eigentlich für jede unserer Rollen, für alle unsere Tätigkeiten sehen. Was spricht also dagegen, dass wir uns jeweils diejenigen Aufgaben aussuchen, in denen wir unser Bestes geben können, weil es für einige von uns mehr Sinn für die eigene Tätigkeit ergibt, im Kühltrupp zu arbeiten statt im Putztrupp? Und wenn wir nicht mehr streng voneinander getrennt in Abteilungen arbeiten, sondern miteinander? In unserer Kooperation liegt unsere Kraft." Hoffnungsvoll schaute Ada in die Runde. Die ein oder andere Ameise nickte kaum wahrnehmbar, zögerlich.

„Das ist doch Schwachsinn", schimpfte eine Ameise aus dem Putztrupp. „Es gibt überhaupt keinen Grund, etwas zu ändern. Wir sind doch schon total ‚agil' oder wie du das nennst. Pfff. Ich für meinen Teil reagiere immer, wenn mir bei meiner Arbeit etwas auffällt. Agil, dass ich nicht lache. Und außerdem: Dieses Hitzeproblem ist doch total aufgebauscht!" Vor lauter Empörung redete sie immer lauter. „Es ist wie es ist, und das ist gut so."

„Und warum ist es so?", hakte Ada mutig nach.

„Was? Weil …, ach, es halt einfach so ist!", fauchte die

Gefragte. Andere nickten. „Wenn es wirklich so dringlich und gefährlich wäre mit diesem Hitzeproblem, dann hätten es uns die Ameisenkönigin und Jim und Tim doch schon längst gesagt und etwas unternommen."
Und genau daran hatte Ada erhebliche Zweifel. Also versuchte sie es über einen anderen Weg.

„Aber muss denn immer etwas dringlich und problematisch sein, damit man sich verändert?", hakte sie nach. „Das würde ja bedeuten, dass wir Ameisen von Natur aus veränderungsunwillig sind und uns nur weiterentwickeln, wenn es gar nicht mehr anders geht." Einige schauten einander verblüfft an, andere nickten nachdenklich. „Das ergäbe aber gar kein gutes Bild von uns Ameisen. Ich hingegen glaube, dass wir uns auch neu ausrichten können, weil wir vom positiven Sinn einer Veränderung überzeugt sind. Einfach weil es ein tolles Ziel ist, das wir erreichen könnten und weil es schlicht mehr Sinn ergibt!" Hier und da schaute sie jetzt in deutlich freundlichere, nachdenkliche Gesichter. Ada schöpfte Hoffnung. „Erinnert ihr euch noch an die Schule? Da hat man uns erklärt, dass wir als Staat so organisiert sind, weil die ersten Staatengründer, u. a. die berühmte Wirtschaftsameise Frederick Taylor, davon ausgegangen sind, dass wir alle nur effizient arbeiten,

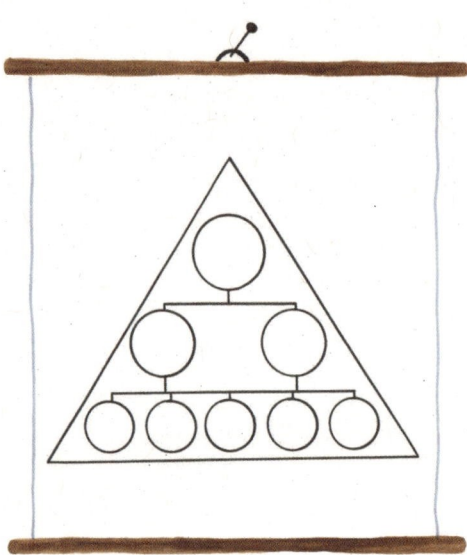

wenn wir strikt in unseren Rollen bleiben und über die Monatsbewertung kontrolliert werden. Und dass oben die Strategie gemacht und unten nur alles ausgeführt wird. Ohne nachzudenken. Er dachte wohl, dass wir normalen Ameisen faul werden, wenn man uns nicht kontrolliert. Aber vielleicht stimmte das alles ja gar nicht?"
Einige Ameisen hielten erschrocken die Luft an. Das war nun doch zu viel. Ada hatte den Bogen überspannt. Die Grundfesten der ökologischen Effizienzorganisation in Frage zu stellen, ging eindeutig zu weit. Wieder war es mucksmäuschenstill, denn niemand wagte es jetzt noch, etwas zu sagen. Und da es bereits dämmerte, machte sich allgemeine Aufbruchstimmung breit.

„Also, ich gehe jetzt", ließ eine ältere Ameise verlauten. „Ich sehe keinen Sinn in dieser Diskussion. Es war richtig und mutig von dir, Ada, uns deine Ideen vorzustellen. Aber sie sind einfach zu groß und sie passen nicht zu uns Ameisen. Niemand von uns kann sich eine solche Arbeitswelt vorstellen, geschweige denn Führungsameisen oder gar eine Ameisenkönigin, die bereit sind, uns so viel mehr Verantwortung zu übertragen, uns so großes Vertrauen entgegen zu bringen und einen großen Teil ihrer bisherigen Macht abzugeben. Wie sollen wir, wie von dir gefordert, mutiger werden, wenn wir doch für jeden Fehler, den wir machen, von Jim und Tim Abzüge in unserem monatlichen Bewertungssystem erhalten? Dir mag das nichts ausmachen, aber uns schon." Sie drehte sich um und trottete davon. Andere nickten und taten es ihr nach. Einige von den jüngeren Ameisen winkten Ada und Paul noch zaghaft lächelnd zu, bevor auch sie sich abwandten und Richtung Ameisenhügel gingen.
Ada war bitter enttäuscht, ließ die schmalen Schultern hängen und hockte sich auf den Boden. Der Versuch, die Anderen zu überzeugen und für ihre Ideen zu gewinnen, hatte sie sehr viel Kraft gekostet. Paul setzte sich zu ihr und versuchte, sie aufzumuntern.

„Ada, lass sie erst einmal in Ruhe darüber nachdenken. Du weißt doch: Wir Ameisen sind sehr sicherheitsorientierte Wesen. Und für uns ist das alles total neu und ungewohnt. Und was neu ist, lässt viele von uns zurückschrecken und macht uns Angst. Womit hast du denn gerechnet? Mit stehendem Applaus?" Paul ließ die Fühler wackeln, um Ada aufzumuntern, und lächelte sie ermutigend an, auch wenn ihm selbst etwas elend zumute war. Er hatte nicht mit dieser zum Teil sehr aggressiven Stimmung gerechnet. Als würden sich seine Kolleginnen und Freunde durch zu viel Freiheit und Verantwortung bedroht fühlen. Nicht dass er das nicht von sich selber kannte – aber man musste doch nicht zornig werden deswegen! Er musste noch einmal im Nachgang mit einigen von ihnen persönlich sprechen. Vielleicht vertrauten sie ihm ja unter vier Augen ihre eigentlichen Befürchtungen an. „Ada, komm, wir gehen zurück zum Hügel. Morgen ist ein neuer Tag. Da sehen wir weiter, okay?" Er wandte sich ihr zu und zog sie auf die Füße.

„Ja, Paul, du hast ja recht. Aber eines werde ich mein Lebtag nicht verstehen. Wenn es stimmt, was du sagst, dann haben viele Ameisen Angst vor mehr Verantwortung und vor mehr Freiheit und wünschen sich gar keine anderen Strukturen. Sie bleiben lieber in dem System, das sie haben, und jammern und schimpfen darüber, anstatt etwas zu ändern. Wie kann das sein?"

„Ich kann es mir nur so erklären, wie es sich für mich anfühlt. Ich fühle mich wohl mit dem, was ich tue. Ja, ich hätte mittlerweile gerne auch mehr Verantwortung. Aber ich bin an diesen Gedanken schon gewöhnt, weil wir beide so viel darüber sprechen. Ich habe mir sogar schon vorgestellt, wie sich das anfühlen könnte. Am Anfang fand ich deine Ideen auch absolut ungeheuerlich. Wenn ich nicht mit dir befreundet wäre, ginge es mir wahrscheinlich auch nicht anders als den anderen. Es scheint ein längerer Prozess zu sein, bis sich Ameisen daran gewöhnen, mehr Verantwortung zu übernehmen – und auch, bis Führungsameisen bereit sind und lernen, Verantwortung wirklich abzugeben."

Da hatte Paul wohl ein wahres Wort gesprochen. In diesem Augenblick flog am inzwischen dämmrigen Abendhimmel eine Sternschnuppe vorbei. Ada hüpfte auf der Stelle und wünschte sich ganz schnell etwas. Leider durfte man einander seine Wünsche nicht verraten, sonst gingen sie ja nicht in Erfüllung. Aber Paul war überzeugt zu wissen, was Ada sich gerade gewünscht hatte: Dass alle Ameisen gern frei und selbstverantwortlich arbeiten und leben wollten und dass es eine Gleichwürdigkeit gab zwischen ihnen, getragen von wechselseitigem Respekt für das, was die jeweils anderen nun mal besonders gut konnten – unabhängig von Alter und Erfahrung. Ein schöner Wunsch. Paul lächelte still vor sich hin und schaute in den tiefblauen Himmel hinauf, nahm Ada an die Hand und ging mit ihr gemeinsam zurück zum Hügel.

KEIN JOB ÄNDERT SICH STÄRKER ALS DER FÜHRUNGSJOB

(Auch wenn manche Führungsameisen das noch nicht wissen oder glauben wollen.)

CQO

Seit Neuestem nannte sich die Ameisenkönigin CQO. Die Abkürzung stand für Chief Queen Officer. Sie hatte Jim und Tim zu einem Führungskräfteseminar geschickt, und diese hatten viele neue Ideen mitgebracht, um den Ameisenstaat zu modernisieren. Die Namensänderung war eine davon. Sie hatten ihr auch berichtet, dass man sich in anderen Ameisenstaaten nun duzte, nicht nur auf Führungsebene, sondern sogar mit der Königin. Das schaffe angeblich Nähe und ein ungezwungenes Klima. Nun denn, dachte die Ameisenkönigin seufzend, auch das ist keine Herausforderung. Aber dann kam die Sache mit den Turnschuhen.

„Sie, äh, du, solltest ab sofort auch Turnschuhe tragen", schlug Tim eifrig vor und sah die Königin erwartungsvoll an. „Das unterstreicht, dass du als Königin, also als CQO, nicht mehr hierarchisch denkst, sondern dynamisch und agil bist."

„Turnschuhe!? Was bitte sollen Turnschuhe daran ändern, wie wir seit Ameisengedenken organisiert sind?" Die Königin war irritiert, nein, sie war regelrecht verärgert. Sie hatte schließlich nicht so viel Geld in die Führungsseminare gesteckt, damit die beiden mit diesem neumodischen Schnickschnack daherkamen. Sie machte sich Sorgen um ihren Ameisenstaat und hatte gehofft, dass Jim und Tim echte Inspirationen und Innovationen mitbringen würden. Die Hitzeentwicklung und die daraus entstehenden Probleme mit der Statik waren ihr nämlich sehr wohl bewusst, seitdem man ihr vertraulich zugetragen hatte, dass eine Jungameise aus der Brutpflegeabteilung das Problem aufgebracht und mehrere Ideen unterbreitet hatte, wie man es angehen könnte.

„Tim, könnten Sie bitte diese Jungameise ausfindig machen, die am letzten freien Tag vor einer Gruppe gesprochen hat?", bat die Ameisenkönigin und ignorierte dabei bewusst das ihr angetragene Du.

„Das Versäumnis tut mir leid", entschuldigte sich Tim umgehend. „Hätte ich von dieser Versammlung gewusst, hätte ich sie natürlich strikt unterbunden. Das kommt nicht wieder vor, und die verantwortliche Ameise bekommt selbstverständlich eine Abmahnung. Ich kläre das umgehend mit der AR-Abteilung." Die Ameisenkönigin seufzte und schüttelte den Kopf.

„Ich möchte diese Jungameise nicht bestrafen. Ich möchte mir ihre Vorschläge anhören."

„Ihre Vorschläge ... anhören?", japste Tim und wurde blass. Die Königin nickte.

„Aber was soll das denn bringen?", stammelte Jim erschrocken. Und fügte schnell hinzu: „Also, wenn ich das höflichst fragen darf ..." Er räusperte sich und sah zu Boden. „Sie ist doch nur eine junge, kleine Brutpflegerin, die keine Erfahrung in Sachen Strategie oder Führung hat. Auch ich habe natürlich erkannt, dass wir so einiges ändern sollten. Aber die Lösung kann doch wohl kaum von jemandem kommen, der bisher nur Brutpflege gemacht und kein einziges Ameisenführungsseminar besucht hat und zudem auf der

Karriereleiter noch ganz unten steht!"

Die Königin hatte schweigend zugehört. Sie konnte Jim verstehen. Auch sie war sich ehrlich gesagt nicht sicher, ob das sinnvoll war. Aber die Ideen, die ihr bruchstückhaft zugetragen worden waren, hörten sich interessant an.

„Jim, ich kann Ihre Einwände nachvollziehen. Dennoch halte ich es für wichtig, dass wir uns diese Gedanken anhören. Würden Sie die kleine Ameise nun zu uns bitten?" Sie sprach jetzt mit einigem Nachdruck. Jim nickte devot und eilte zusammen mit Tim davon, um Ada zu suchen.

„Was für eine Zeitverschwendung!", ärgerte sich Tim.

„Was soll's? Komm, dann suchen wir sie eben", erwiderte Jim. „Du ahnst sicherlich auch, von wem die CQO gesprochen hat. Von Ada! Diese anstrengende kleine Ameise, die diese Versammlung einberufen hat. Ich habe erst hinterher davon erfahren. Aber sie soll wirklich gut und echt überzeugend gewesen sein."

„Pah", fauchte Tim. „Sie will uns unsere Jobs streitig machen, die kleine Streberin. Uns einfach rechts überholen. Wir mussten doch auch diesen langen, mühsamen Weg gehen, um auf unsere Ebene zu kommen und Strategieameisen zu werden. Diese Ada ist einfach anmaßend!" Tim schimpfte noch eine ganze Weile vor sich hin. Kurze Zeit später standen sie vor der Brutpflegeabteilung und gingen hinein. Ada und Paul waren gerade beschäftigt.

„Ada, die CQO will dich sprechen. In ihrem Büro. Lass alles stehen und liegen und komm sofort mit", befahl Tim mit grimmiger Miene. Ada musste schlucken und drehte sich langsam um. Dort standen die beiden Führungsameisen und waren eigens gekommen, um sie abzuholen und ins Büro der Königin zu bringen. Jetzt war es aus mit ihr ... Tim genoss ihren Schrecken sichtlich und wies mit herrischer Geste auf die Tür.

„Kann ich Ada begleiten?", fragte Paul mit brüchiger Stimme und versuchte Haltung zu bewahren.

„Die CQO hat nur nach Ada gefragt. Außerdem musst du dich um die Brut kümmern", antwortete Jim.

„Genau. Denn irgendeiner muss ja hier schließlich noch arbeiten, während andere große Reden schwingen", ergänzte Tim in sarkastischem Tonfall.

„Komm Ada, die CQO lässt man nicht warten", forderte Jim sie auf. Ada atmete tief durch, straffte die Schultern und legte Paul die Hand auf die Schulter.

„Wir sehen uns später, Paul. Danke, dass du für mich übernimmst." Paul nickte und warf ihr einen ermutigenden Blick zu. Als Ada im Büro der Ameisenkönigin ankam, thronte diese hinter ihrem Schreibtisch. Noch nie war eine Brutpflegeameise in diesem heiligen Raum gewesen. Der Schreibtisch war riesig, und auf ihm stand ein Schild mit der Aufschrift Chief Queen Officer. Ada fühlte sich auf einmal sehr klein. Aber die Königin lächelte sie freundlich

an, während Jim sie vorstellte.

„Das ist Ada. Sie hat die Versammlung abgehalten. Sollen wir den Raum verlassen?"

„Nein, bitte bleibt hier. Ich möchte, dass Sie die Ideen ebenfalls hören. Ihre Meinung ist mir sehr wichtig", antwortete die Königin. „Nun Ada, ich habe gehört, dass du einige Vorschläge zur Veränderung unseres Ameisenstammes hast. Ich würde sie gerne hören." Ada starrte sie mit weit aufgerissenen Augen an. Die Königin will meine Ideen hören? Das muss ein Traum sein. Gleich würde sie aufwachen und merken, dass das alles nicht real war. Die Ameisenkönigin schaute sie immer noch freundlich abwartend an.
Aber die beiden Führungsameisen beäugten Ada kritisch von der Seite, und Jim stupste sie ungeduldig an. Ada nahm all ihren Mut zusammen und begann zu erzählen: über ihre Beobachtungen und Erklärungen zur Hitzeproblematik und die fehlende Kooperation zwischen den einzelnen Abteilungen, die aus ihrer Sicht dazu führte, dass man keinen Gesamtblick auf das Problem bekam und so nur jede Abteilung für sich allein versuchte, es zu lösen. Und – da es jetzt auch nicht mehr darauf ankam, weil sie sich eh schon um Kopf und Kragen geredet hatte – das Problem der Hierarchie und der starren Rollen. Brutpflegeameise zu sein war in Ordnung. „Aber wie gern würde ich im Kühltrupp oder gar", und jetzt wurde Ada etwas leiser und blickte auf ihre Füße herab, während sie sprach, „im Strategieteam sein." Sie hörte ein ärgerliches Hüsteln aus der Ecke, in der Jim und Tim standen. Die Königin hatte ihr jedoch interessiert zugehört und fragte nun, als sie es wieder wagte, aufzublicken:

„Ada, was, glaubst du, qualifiziert dich für das Strategieteam?" Das Hüsteln steigerte sich plötzlich zu einem veritablen Hustenanfall.

„Ich habe mich intensiv mit unserem Standort, den

Wetterveränderungen und den Herausforderungen der Kühltrupps beschäftigt. Ich habe viele Ameisen aus unterschiedlichen Abteilungen dazu angesprochen, sie nach ihren Ideen zur Lösung in Bezug auf ihr jeweiliges Fachgebiet befragt, und dann habe ich die Ergebnisse zusammengeführt. Es wäre viel schneller gegangen, wenn wir ein Team gebildet hätten, das sich selbstorganisiert um diese Problematik hätten kümmern können. Dann hätten wir jetzt die Lösung. Und außerdem", jetzt sprach Ada sicherheitshalber wieder zu ihren Füßen, „bin ich Expertin für New Work." So, nun war es heraus. Sie blickte verstohlen auf und sah direkt in die Augen der Königin. Diese sah sehr nachdenklich aus. „Aha. Und was genau ist dieses New Work?"

Ada holte tief Luft und richtete sich auf.

„Das ist eine ganz andere Art, miteinander zu arbeiten. In New Work gibt es eine viel höhere Selbstverantwortung auf allen Ebenen, Kooperationen von selbstorganisierten Teams, der Sinn unserer Tätigkeit würde im Vordergrund stehen und nicht unser Rollensystem, Monatsbewertungen und unsere Hügelhierarchie. Die Freiheit, Dinge auszuprobieren und daran zu lernen und zu wachsen", Ada redete immer schneller. „Und das sind nur einige Aspekte von New Work. Es geht im Kern um Gleichwürdigkeit und Teilhabe. New Work fördert Eigenverantwortung von Ameisenteams ..." Hier wurde Adas Stimme wieder sehr leise, sie schaute wieder nach unten und murmelte den letzten Satz eher vor sich hin. „Und ... und auch Eigenverantwortung von einzelnen Ameisen, die gern diejenigen Tätigkeiten übernehmen würden, die sie wirklich, wirklich wollen."

Die Königin hatte ihn dennoch wohl vernommen – und war vor allem froh und erleichtert, dass es nicht wieder um Turnschuhe ging.

„Ada, vielen Dank für deine Ideen! Wir werden darüber

nachdenken. Du kannst nun gehen."
Ada hätte so gern gewusst, was die Ameisenkönigin über ihre Ideen dachte, aber es wäre wohl ungehörig gewesen, danach zu fragen. Alles in allem schien sie glimpflich davongekommen zu sein. Na ja, wenn sie in New Work gewesen wäre, dann hätte sie wahrscheinlich fragen dürfen ohne Angst, Ärger zu bekommen ... Schnell wandte sich Ada um, eilte an den beiden Führungsameisen vorbei Richtung Tür und lief erst zügig, dann immer schneller zurück zu Paul.
Hinter ihr, im Büro der CQO, begann die Beratung.

„Was halten Sie von Adas Ideen?" Die Ameisenkönigin war neugierig, was ihre Mitarbeiter dazu zu sagen hatten.

„Ich bin sprachlos!", echauffierte sich Tim. „Sie stellt die Fundamente unserer Arbeit infrage! Seitdem die Wissenschaftsameise Taylor damals die Prinzipien über ‚Scientific Anthill-Management' aufgestellt hat, also vor mehr als 100 Jahren, errichten und bewirtschaften Ameisen auf der ganzen Welt ihre Ameisenstaaten nach diesen Regeln. Unsere Effizienz und unser Wachstum beruhen auf diesen Prinzipien. Wir planen alles äußerst sorgfältig und kontrollieren, ob alle Ameisen ihre Aufgaben erfüllen, damit der Plan erreicht wird. Was soll falsch sein an etwas, das sich über Jahrzehnte etabliert und bewährt hat?" Die Ameisenkönigin nickte ernst. Sie konnte seine Ausführungen nachvollziehen. Sie alle waren mit diesen Prinzipien in der Tat seit jeher sehr erfolgreich und zufrieden gewesen. Allerdings gab es damals auch deutlich weniger Herausforderungen. Weiter kam die Königin mit ihren Gedanken nicht – die neuen Turnschuhe drückten dermaßen –, da fuhr Tim auch schon fort: „Und einer muss doch schließlich das Sagen haben", ergänzte er ärgerlich. „Wo kämen wir hin, wenn jeder nur noch machen würde, was er will? Das Chaos wäre vorprogrammiert. Ameisen brauchen Anleitung und Kontrolle und jemanden, der die

Verantwortung trägt. Und außerdem wollen die meisten sowieso das Denken ‚denen da oben' überlassen, da sie wissen, dass wir das sowieso besser können, oder weil sie schlichtweg Schiss haben, selbst Verantwortung zu tragen." Sein Tonfall war verächtlich geworden.

„Ich für meinen Teil frage meine Nachgeordneten durchaus öfter nach ihrer Meinung und delegiere auch Aufgaben an sie. Das ist doch dann auch schon New Work, oder?" Jim wartete einen Moment, blickte triumphierend in die Runde und fuhr dann fort. „Und wir haben sehr flache Hierarchien. Andere Ameisenstämme haben, anders als wir, drei Führungsebenen. Das muss man sich mal vorstellen. Wir können uns ja darauf vereinbaren, die Ameisen noch etwas häufiger zu fragen und sie manche Dinge auch gemeinsam machen und entscheiden zu lassen." Jim schaute die Königin an und versuchte einzuschätzen, ob die seinen Vorstoß billigte. Bevor sie sich jedoch äußern konnte, fiel ihm Tim ins Wort.

„Du willst diesen Quatsch doch wohl nicht ernst nehmen?" Tims Antennen bebten vor Zorn. „Nur weil eine einzelne Ameise nicht in den Putztrupp will, schaffen wir unsere erfolgreiche Art der Organisation ab?" Er schnaubte verächtlich. Die beiden Führungsameisen wandten sich mit fragender Miene zur Chefin um und warteten gespannt auf ihre Meinung.

Die Königin streifte verstohlen die Turnschuhe ab, holte tief Luft und sagte:

„Meine Herren, ich danke Ihnen für Ihre differenzierten Rückmeldungen. Ich denke, wir sollten uns fachlich intensiver mit den Dingen befassen. Deshalb werde ich externe Berater hinzuziehen, die uns dahingehend unterstützen werden. Ich glaube nämlich, dass das New Work, von dem unsere junge Mitarbeiterin da spricht, deutlich über Ihr ‚Die Ameisen ab und zu fragen und ein bisschen einbinden' hinausgeht. Sie spricht über dezentrale Verantwortung. Und ich ahne, dass es in diesem Fall wohl einer anderen Organisation bedarf als einer zentral gesteuerten, hierarchischen, wie wir sie haben."

Bevor Jim und Tim Einwände anbringen konnten, fügte sie hinzu:

„Unsere Diskussion ist hiermit beendet. Ich werde erst eine Entscheidung in dieser Sache treffen, wenn wir mehr darüber wissen. Denn in einem Punkt hat Ada völlig recht. Wir müssen uns weiterentwickeln und lernen. Das können wir nicht nur von unserem Volk erwarten, das müssen wir auch selbst tun. Und die Herausforderungen sind allemal groß genug – weshalb wir darüber nachdenken sollten, ob wir Dinge verändern, auch wenn wir sie schon immer so gemacht haben. Der Erfolg von gestern ist nicht mehr automatisch der Erfolg von morgen. Guten Tag, meine Herren." Sie wandte sich den auf ihrem Schreibtisch liegenden Akten zu und spreizte genüsslich ihre befreiten Zehen unter dem Schreibtisch. Jim und Tim blieb nichts anderes übrig, als ihren Ärger herunterzuschlucken und das Büro der CQO zu verlassen. Draußen wandte sich Jim seufzend an seinen Kollegen.

„Puh, da steht uns wohl einiges bevor. Ich kenne unsere Chefin. Und ich habe von Beratern gehört, die ganze Ameisenhügel auf den Kopf gestellt haben. Da blieb keine Tannennadel auf der anderen."

„Die Königin weiß gar nicht, was sie da anrichtet. Am Ende verliert sie gar ihre Krone. Aber ich werde es nicht so weit kommen lassen", grollte Tim. „Ich habe mich so lange abgerackert, um diese Position zu erreichen – und jetzt soll ich sie kampflos aufgeben? Hast du dir mal überlegt, dass wir uns quasi selbst abschaffen, wenn dieser New-Work-Kram käme? Was sind wir denn dann noch? Alles wird uns weggenommen!" Jim allerdings war nicht dieser Meinung. Sicher, Adas Ideen waren radikal, aber man konnte ja einzelne davon herausgreifen, die zu ihrem Ameisenhügel passten. Man musste ja nicht gleich alles auf den Kopf stellen, konnte vielleicht das Beste aus zwei Welten nehmen. Oder etwa nicht?

Er verabschiedete sich von Tim, und die beiden gingen vor sich hin grübelnd ihrer Wege.

AMEISEN-BERATER WISSEN AUCH NICHT ALLES BESSER

(Auch wenn sie meistens davon überzeugt sind.)

Berater beraten

Ada hörte eine ganze lange Weile nichts mehr von der Ameisenkönigin oder Jim und Tim. Sie meinte nur feststellen zu können, dass Jim etwas netter geworden war und sie ab und an nach ihrer Meinung fragte. Tim jedoch war bei den Monatsbewertungen nun noch strenger und beurteilte sie schlechter als je zuvor. Und dann flatterte ein Flyer in ihr Zimmer.
Einladung zum Kick-off

„New Work – eine agile Initiative"

Unterschrieben war die Einladung von der Ameisenkönigin (natürlich als CQO) und zwei Beratern, von denen weder Ada noch die anderen wussten, wer sie waren und woher sie kamen, geschweige denn, welche Rolle sie hatten. Der Ameisenhaufen war in heller Aufregung. Alle rannten durcheinander, es wurde viel gemunkelt und getuschelt, Untergangsszenarien wurden ebenso ausgetauscht wie Ärger darüber geäußert, dass man für diese Workshops die eigene, eigentlich wichtigere Arbeit unterbrechen müsste. Andere fingen plötzlich an, die gleichen Turnschuhe zu tragen wie die Königin, Jim und Tim. Es gab aber auch ein paar Neugierige – darunter natürlich Ada.

Schließlich war es so weit, und der große Platz war zum Bersten gefüllt mit Ameisen. Vorne hatte man eine Bühne aufgebaut, auf der sich die Ameisenkönigin, Jim und Tim befanden, flankiert von zwei stammesfremden Ameisen. Im Publikum wurde geflüstert und gemurmelt und viele fragten sich, was nun passieren würde.

Die Königin bedeutete den Anwesenden, dass sie zu sprechen beginnen wollte, und es wurde sofort mucksmäuschenstill. Die Führungsameisen standen rechts neben der Königin. Zu ihrer linken Seite standen zwei Ameisen in Hemd und Krawatte, die Turnschuhe trugen. Als Paul den Aufzug der Beraterameisen sah, flüsterte er Ada zu:

„Das ist aber eine merkwürdige Mischung." Ada war so aufgeregt, dass sie seine Bemerkung gar nicht hörte.

„Guten Tag, liebe Ameisen, wir möchten uns kurz vorstellen. Wir sind agile Coaches und heißen Ben und Jerry. Eure CQO hat uns beauftragt, mit euch daran zu arbeiten, dass ihr more agile werdet, und wir werden gemeinsam ein paar relevante New-Work-Techniken implementieren", startete Berater Jerry und strahlte sie alle an. Berater Ben nickte bestätigend. Die Ameisen schauten einander ratlos an, denn sie verstanden kein Wort. „Habt ihr Fragen zum Goal?", fragte Jerry. „Es ist wahnsinnig wichtig, dass ihr euch am Ende unserer Session alle committet, erst dann stimmt das Surrounding, das wir für ein erfolgreiches Projekt brauchen."

Jetzt standen den meisten Ameisen Augen und Münder offen. Immer noch war kein Laut zu hören. Sie machten den Anschein tatsächlich keine Fragen zu haben – wenn man aber genauer hinsah, schienen sie wohl eher unter Schock zu stehen. Nur die turnschuhtragenden Ameisen nickten verhalten, obwohl auch sie nicht ein Wort von dem kapierten, was da auf der Bühne gesagt wurde.

„Wir haben große Expertise und wissen, was wirklich funktioniert. Zum Beispiel auf unserem letzten Projekt ‚Go agile termites' haben Jerry und ich in einem Termitenbau New Work implementiert. Alle haben sich darauf committet und die sind jetzt mit einer mega agile Attitude unterwegs und haben einen super Spirit in ihrem Office", berichtete der Berater Ben in selbstgefälligem Tonfall. Berater Jerry bemerkte die irritierten Gesichter und versuchte sich an einer Übersetzung.

„Was Ben meint, ist, dass wir mit dem Projekt ‚Los, ihr agilen Termiten' sehr erfolgreich waren. Wir sind wie gesagt agile Coaches und absolute New-Work-Experten."

Die Königin schaute etwas gequält und unterbrach:

„Vielen Dank für Ihre Vorstellung, meine Herren. Liebe Ameisen, ich habe mich gemeinsam mit dem Strategieteam dazu entschlossen, dass wir uns für neue Strategien und Methoden öffnen. Es geht darum, unsere Zukunft zu gestalten. Und zum ersten Mal in der Geschichte unseres Hügels verkünde ich, dass wir dies unter Einbindung aller im Stamm tun werden. Ben und Jerry, die beiden Berater, haben viel Erfahrung mit solchen Prozessen, und ich bin froh, dass sie uns unterstützen. Ich übergebe daher wieder das

Wort an die beiden. Zögert nicht, Fragen zu stellen. Es ist wichtig, dass ihr alles versteht." Die zuhörenden Ameisen nickten wie paralysiert. Committet? Mega agile Attitude? Super Spirit? Häh?
Berater Ben sprang elastisch nach vorn und erklärte, wie es nun weitergehen sollte.

„Wir bilden jetzt Breakout groups und werden zunächst alle Challenges auflisten, die ihr hier habt." Jerry übernahm. „Bitte teilt euch entweder Ben oder mir, eurer CQO oder den Leaders Jim und Tim zu. Wir werden dann in Short Sprint Sessions arbeiten, damit ihr einen ersten Eindruck vom agilen Arbeiten bekommt. Better done than perfect, lautet unsere Philosophie! Und dann schnappen wir uns die Low Hanging Fruits!" Ben und Jerry strahlten sie selbstüberzeugt und erwartungsvoll an.
Wie bitte? Low hanging fruits? Und dieses fürchterliche Rumgestrahle, dachte Ada. Sie war schrecklich enttäuscht von dem, was sie da hörte. Paul tippte Ada auf die Schulter.

„Komm Ada, lass uns versuchen, in die Gruppe der Königin zu kommen, dann haben wir wenigstens eine Chance zu verstehen, worum es hier geht", schlug er vor. Ada nickte beklommen.
In der Arbeitsgruppe der Königin war leider kein Platz mehr frei. Es machte ganz den Eindruck, als ob alle Ameisen am liebsten in dieser Gruppe sein wollten. Und so landeten Ada und Paul bei Jerry, der vor einem Flipchart stand und in die Hände klatschte.

„Kommt Leute, so schwer kann das ja nicht sein. Wir sammeln jetzt die Challenges und dann definieren wir Milestones für die Sprints."
Ada nahm all ihren Mut zusammen und hob die Stimme.

„Jerry!" Seinen Nachnamen kannte sie nicht. „Ich verstehe nicht, was wir jetzt machen und auch nicht, warum?" Jerry schaute für einen kurzen Moment etwas genervt, hatte sich aber sofort wieder im Griff.

„Kein Problem. Also: Wir sammeln jetzt alle Challenges, definieren Milestones, und dann schauen wir auf euren Mindset. Ihr braucht ein agiles Mindset, damit ihr euch transformieren könnt!"
Ada gab es auf. Wusste der Typ eigentlich selber, wovon er da redete? Ob es in den anderen Gruppen wohl auch so lief? In den folgenden zwei Stunden sammelten sie alle erdenklichen Probleme, die sie hatten. Nicht funktionierende Übergaben zwischen den Schichten, fehlender Nachschub in den Brutpflegematerialien, schlechte Beleuchtung in den Gängen und so weiter. Ada brachte das Thema Wetterveränderung ein, und es landete wie alle anderen Themen auf dem Flipchart. Kein Wort darüber, wie New Work den Ameisenhaufen positiv verändern könnte. Oder darüber, wie sie ihre Jobs noch besser machen könnten, weil jede Ameise optimal dort arbeiten konnte, wo ihre Kompetenzen lagen. Kein Wort über selbstorganisierte Teams und dezentrale Verantwortung ... Ada schaltete irgendwann ab und hatte den Eindruck, dass sie nicht die Einzige war.
Dann war die „Session" (endlich) vorbei und alle kamen wieder in der großen Runde zusammen. Ada sah in viele unsichere Mienen. Sogar die Königin sah etwas angespannt aus und ergriff das Wort.

„Das war ja mal ein turbulenter Anfang. Ich möchte mich bei euch allen bedanken, dass ihr bei dieser neuen Art, miteinander zu arbeiten, so aktiv mitgemacht habt. Ben und Jerry werden die Ergebnisse zusammenfassen und sie uns in einer Woche vorstellen. Und nun zurück an die Arbeit! Bis dahin bleibt erst einmal alles so, wie es ist."
Die Menge zerstreute sich. Ada sah, wie Jim, Tim und die beiden Berater mit der Königin ins CQO-Büro gingen. Wie gern hätte sie jetzt Mäuschen gespielt!

„Und, was hatten Sie für Impressions von der Veranstaltung?",

fragte Ben in die Runde.

„Ich hatte das Gefühl, wir konnten heute schon ein paar Quick Wins generieren", ergänzte Jerry locker. Die Königin betrachtete die beiden.

„Ich würde gern Ihre Ergebnisse abwarten und Ihre konkreten, daraus resultierenden Vorschläge hören. Ich muss gestehen, vieles davon war neu für mich. Ich möchte erst einmal darüber nachdenken."

„Das ist der häufigste Case. Wir treffen auf unseren Projekten meistens auf Leader, die noch einen Old fashioned Leadership Style leben. Es geht ja auch darum, Ihren Mindset auf agiles Arbeiten umzuswitchen. Da müssen Sie jetzt proaktiv ran und wir werden das nonstop monitoren", erklärte Jerry und – was sonst – strahlte sie dabei dermaßen an, dass sie etwas zurückwich. „Wir senden Ihnen die Präsi asap zu. Unser Funnel ist gerade etwas im Overload", fügte Ben mit entschuldigendem Blick hinzu. „Die Key Results können wir ja vorab in einem Call, aber natürlich auch F2F challengen und dann können Sie diese greenlighten. Und keine Sorge, wir geben Ihnen vor dem Rollout ein ausführliches Agile Briefing." Die Königin nickte irritiert, verstand nur die Hälfte von dem, was da in unverständlicher Sprache und einem schwindelerregenden Tempo an Beratersalven abgegeben wurde. Sie wandte sich an die beiden Führungsameisen.

„Jim und Tim, haben Sie beide noch Fragen zum jetzigen Zeitpunkt? Ansonsten würde ich den Termin dann jetzt beenden wollen." Die beiden schüttelten, ebenfalls ziemlich erledigt, den Kopf, und so verabschiedeten sich alle voneinander.

Auf dem Flur fluchte Tim lange und ausführlich.

„So einen Unsinn habe ich ja noch nie gehört. ‚Old fashioned Leadership Style'. Damit meinen die doch uns!", stieß er erbost hervor. „Wir arbeiten Tag und Nacht dafür, dass der Laden hier läuft – und jetzt müssen wir uns anhören, dass wir aus der Klamottenkiste kommen. Ich habe ewig keinen Urlaub gemacht, rackere mich 70 Stunden pro Woche ab, bin ständig in Meetings und außerhalb meiner Arbeitszeit immer erreichbar. Diese beiden Flachpfeifen haben wahrscheinlich noch nie einen Führungsjob gemacht und stellen sich das total einfach vor. Das ist es aber nicht!"

„Beruhige dich. Ich glaube, die Königin hat das alles gar nicht so ernst genommen. Wenn man mal die komische Sprache von den beiden ausblendet, dann haben die in mancher Hinsicht gar nicht so unrecht. Und dass wir uns, wie die Königin es möchte, für neue Strategien und Methoden öffnen sollten, ist nachvollziehbar für mich. Alles ändert sich eben. Und wir können nicht weitermachen wie bislang." Die beiden diskutierten noch eine ganze Weile, bis auch sie sich voneinander verabschiedeten.

Am Abend dieses aufregenden Tages saßen Ada und Paul wieder an ihrer Lieblingsstelle auf dem alten Baumstamm.

„Ada", begann Paul zögernd, „Glaubst du, das Ganze wird ein gutes Ende nehmen? Ich hatte heute das Gefühl, dass viele Ameisen nur wenig verstanden haben und jetzt sehr unglücklich sind. Bei den

Beratern heute hörte sich alles so anders an – ganz anders, als wenn du darüber sprichst. Oder ist es gar nicht das Gleiche?" Ada seufzte.

„Ach Paul, was habe ich da nur angezettelt? Ich konnte doch nicht ahnen, dass die Königin Berater wie Ben und Jerry beauftragt. Die mögen ja sehr erfolgreich sein mit ihrem Standardmodell, aber wir sind doch keine Termiten und ganz anders organisiert. Ich glaube, bei uns passen ihre Ansätze ganz einfach nicht. Was soll ich denn jetzt nur tun?"

„Das ist doch nicht deine Schuld, Ada. Lass uns die Ergebnisse abwarten. Vielleicht wird es ja gar nicht so schlimm. Und dann sprichst du noch mal mit der Königin. Ich glaube nämlich, sie war auch nicht glücklich über den Verlauf." Ada nickte beklommen. Paul hatte recht. Schweigend saßen sie dort, bis die Sonne unterging, und hingen ihren jeweiligen Gedanken nach.

Eine Woche später kam die nächste Workshop-Einladung. Hier und da hörte man einvernehmliches Stöhnen. „Bitte nicht noch ein Workshop!", „Das hat doch gar nichts gebracht!" und Ähnliches war in den Gängen des Ameisenhügels zu hören. Hier und da standen die ersten Turnschuhpaare herum – zu verschenken. Der große Platz war jedoch brechend voll, als die Königin, Jim, Tim und die beiden Berater die Bühne betraten. Nervöse Spannung lag in der Luft.

Jerry startete, am Flipchart stehend, und wandte sich an die Menge.

„Guten Tag, liebe Ameisen. Heute möchten wir unsere Key Results vorstellen. Wir haben sie in verschiedene Milestones geteilt. Ihr seid ja schon ziemlich lean aufgestellt, deswegen nehmen wir nicht noch eine Hierarchieebene weg. Es werden aber ab sofort agile Methoden für alle und agile Führungsprozesse für die Leader eingeführt. Agile Leadership, das bedeutet Empowerment pur. Jim und Tim agieren ab demnächst als agile Coaches, und die CQO ist ihr

Mentor. Um das auch für alle sichtbar zu machen, trägt sie bald sogar keine Krone mehr!" Ben und Jerry strahlten. Tim knuffte Jim in die Seite, und die Königin tastete verstohlen nach ihrer Krone. Ob die beiden überhaupt einen anderen Gesichtsausdruck haben?, fragte sich Ada, während sie die beiden Berater beim Um-die-Wette-Strahlen beobachtete.

„Und damit sich eine gute Fehlerkultur etabliert, werden die CQO und die Leader regelmäßig Fuckup-Nights veranstalten, in denen sie über ihr Scheitern sprechen. Dadurch lernt ihr, dass Scheitern nichts Schlimmes ist, und ihr traut euch, mehr auszuprobieren", versprach Ben. „Einige von euch werden zu Agile Change Agents ausgebildet, die die anderen täglich darin unterstützen, die agile Transformation erfolgreich zu gestalten. Im Ergebnis werden wir eure Agile Awareness stärken und ihr werdet schneller und mehr leisten!" Ben und Jerry schauten erwartungsvoll in die Runde.

Ada nahm all ihren Mut zusammen – jetzt oder nie. Sie musste das Unheil aufhalten.

„Jerry, was ist mit selbstorganisierten Teams und dezentraler Verantwortungsübertragung in die Rollen?"

„Guter Punkt, kleine Ameise! Vielen Dank. Die Agile Leader Jim und Tim werden demnächst nur noch den Rahmen abstecken. Innerhalb des Rahmens könnt ihr euch völlig frei und agil bewegen. ‚Go and see yourself' lautet die neue Devise. Ist deine Frage damit beantwortet?" Jerry schaute sie erwartungsvoll an, und Ada hatte das Gefühl, dass auch die Augen aller anderen auf sie gerichtet waren.

„Beantwortet ja, aber anders, als ich es mir gewünscht hätte." Habe ich das wirklich gesagt? Am verdutzten Gesichtsausdruck von Jerry und an der entsetzten Miene von Paul konnte sie es ablesen: Ja, sie hatte es gesagt. Bevor sie erklären konnte, dass „Einen Rahmen gesetzt bekommen" für sie nicht agil und schon gar nicht nach New Work klang, sondern lediglich nach einem Wechsel von einer einspurigen zu einer zweispurigen Einbahn-Ameisenstraße, mischte sich Ben ein.

„Tja, liebe Leute. Und hier gibt es eine weitere Lektion im agilen Arbeiten. ‚Disagree but commit!' Es ist okay, dass du das nicht so gut findest, und auch, dass du das gesagt hast, ist wichtig. Und jetzt geht es darum, dass du dich trotzdem committest und mitmachst", erklärte er im Brustton der Überzeugung und sah Ada auffordernd an. Ada verdrehte die Augen, stieß die Luft aus und ließ den Kopf hängen.

Nun verstand keiner mehr irgendetwas. Was für ein Schlamassel! Jetzt griff die Königin ein.

„Das ist alles sehr nachvollziehbar, aber ich möchte noch einmal betonen, dass es sich hier lediglich um Vorschläge handelt. Ob und was wir davon umsetzen, wird zu einem späteren Zeitpunkt entschieden. So. Habt ihr jetzt weitere Fragen oder Rückmeldungen? Es ist wichtig, dass ihr euch, so wie Ada es getan hat, beteiligt." Sie tastete wieder verstohlen nach ihrer Krone.

Aber eines wurde schnell klar: Keine weitere Ameise würde etwas sagen. Niemals. Nicht nur, weil sie es nicht gewohnt waren, gefragt zu werden und solche wichtigen Themen offen zu besprechen – erst recht nicht vor versammelter Ameisenschar. Nein, sie hatten auch erlebt, wie es Ada ergangen war. Auf ihren berechtigten Einwand war inhaltlich überhaupt nicht eingegangen worden. Sie war einfach nicht ernst genommen worden und sollte jetzt Ja sagen zu etwas, was sie nur bedingt verstanden hatte und offensichtlich nicht gut fand. Alle hatten Angst davor, auch so abgefertigt zu werden wie Ada. Und das vor versammelter Mannschaft!

Nach einer Weile unbehaglichen Schweigens bedankte sich die

Königin bei Ben und Jerry und erklärte, wie es weitergehen sollte.

„Ihr habt die Vorschläge gehört. In den nächsten Tagen werden Jim und Tim auf euch zugehen, die Inhalte mit euch besprechen und eure Rückmeldungen einholen. Diese fließen mit in die Entscheidung ein. Einen schönen und erfolgreichen Tag für euch!" Die Menge zerstreute sich. Ada und Paul waren noch stehen geblieben, als auf einmal eine alte Ameise auf sie zukam. „Ada, komm heute Abend zu mir. Ich möchte mit dir sprechen." Ohne eine Antwort abzuwarten, drehte sie sich um und tappte langsam, auf ihren Gehstock gestützt, davon.

„Wer war das denn?", fragte Ada verwirrt und fasziniert zugleich.

„Du kennst sie nicht? Echt? Das ist die weise Älteste unseres Stammes. Ich habe sie bislang auch noch nicht gesehen, aber viel über sie gehört. Es ist eine große Ehre, dass sie mit dir sprechen möchte", erklärte Paul ehrfurchtsvoll und sah der alten Ameise hinterher. Was habe ich nur getan? Was habe ich nur getan!, dachte Ada erschüttert und zerrte vor lauter Verzweiflung an ihren Fühlern. Aber es half nichts. Sie musste sich fügen und machte sich eine Weile später mit weichen Knien auf den Weg zur weisen Ameise.

DAS GLÜCK LÄSST SICH NICHT ERZWINGEN

(Aber es mag kleine, hartnäckige Ameisen.)

Die alte, weise Ameise

Als Ada am Zimmer der weisen Ameise ankam, atmete sie tief durch und klopfte an. „Herein", ertönte es energisch von der anderen Seite. Ada schob zögerlich die quietschende Tür auf und trat vorsichtig ein. Das Zimmer war sehr geräumig, und überall standen oder lagen unzählige Bücher aus Baumrinde und sogar aus Spinnenseide – sehr kostbar – herum, kreuz und quer aufeinandergestapelt in Regalen oder in wackeligen Stapeln aufgetürmt auf dem Boden und den Tischen. So viele Bücher hatte Ada, die selbst sehr viel las, noch nie gesehen. Sie sah sich um und staunte.

„Gut, dass du gekommen bist. Setz dich", lud die weise Ameise sie ein. Ada folgte ihrer Aufforderung und versank beinahe in einem sehr großen, sehr weichen, sehr alten Ohrenbackensessel.

„Keks?" Die weise Alte hielt ihr aufmunternd einen Teller mit köstlich duftendem Gebäck hin. „Ich habe dich heute sehr bewundert, Ada. Als du so mutig warst, deine Frage zu stellen und eine kritische Rückmeldung zu geben." Ada schaute sie mit großen Augen an. „Ich habe so das Gefühl, dass du gar nicht einverstanden warst mit dem, was die beiden Berater heute vorgeschlagen haben.

Stimmt das?" Als Ada nicht direkt antwortete – sie war starr vor Ehrfurcht –, forderte die weise Ameise sie mit sanfter Stimme zum Reden auf. „Ada, hier bei mir kannst du ganz offen sein. Es ist wichtig, dass wir miteinander sprechen."

„Ich bin ganz unglücklich", platzte es aus Ada heraus. „Meine Vorstellung von agilem Arbeiten und von New Work sind ganz anders als die von den beiden Beratern. Wobei ich wahrscheinlich nur die Hälfte verstanden habe. Ich kann nicht so gut Englisch", murmelte sie. „Mein Vorschlag war, dass wir die Abteilungen auflösen und gemischte Teams bilden, die sich dann selbstorganisiert um die Arbeit kümmern. Wie viele kleine Ameisenhügel im großen Ameisenhügel. Ich hatte versucht, dies am Beispiel der Wetterveränderung und ihrer Auswirkung auf unseren Hügel zu verdeutlichen. Mit den Ameisen aus den anderen Trupps hätten wir einen sehr guten Vorschlag ausarbeiten können, wie wir das Problem lösen können, da alle aus unterschiedlichen Perspektiven darauf schauen und wir so alle wichtigen fachlichen Meinungen am Tisch hätten und diese dann zusammenführen könnten. Das wiederum setzt voraus, dass wir die Lösungen, die wir entwickeln, auch ausprobieren dürfen. Es gibt so wahnsinnig viele Vorschriften bei uns, wie man was zu tun hat. Ich habe ehrlich gesagt schon den Überblick verloren und hatte nicht selten eine schlechte Monatsbewertung, weil ich eine Vorschrift nicht genau wiedergeben konnte. Man muss gar nicht mehr nachdenken, sondern einfach nur ‚Dienst nach Vorschrift' machen und deswegen denken wir auch kaum noch, sondern sind folgsam, um nur ja die beste Bewertung zu erhalten. Dass uns das an mancher Stelle sehr schnell und effizient macht, ist mir klar. Das wurde mir auch oft genug gepredigt. Aber mit diesen ganzen Vorschriften lösen wir nicht die neuen Probleme um uns herum, und wir entwickeln uns auch nicht weiter. Die Zeiten haben sich

geändert, und wir arbeiten immer noch wie im letzten Jahrhundert!" Ada bekam rote Wangen vor Aufregung. „Und wenn jemand von uns einen Vorschlag hat, so wie Paul damals, dann muss man den erst Jim oder Tim vortragen und die müssen ihn mit der Königin besprechen. Die Königin entscheidet, teilt es Jim oder Tim mit, und die setzen es dann um. Mit viel Glück werden wir anschließend noch", Ada lachte hilflos, „‚eingebunden', wie sie es nennen, und werden darüber informiert. Neue Lösungen brauchen ewig, bis sie umgesetzt werden. Und Spaß macht das, ehrlich gesagt, schon gar nicht!" Ada hob entschuldigend die kleinen Schultern. „Und nun wird mir vorgeworfen, dass ich nur deswegen von New Work spreche, weil ich nicht in den Putztrupp will. Das ist einfach ungerecht! Natürlich möchte ich die nächsten Jahre nicht mit Putzen verbringen. Aber noch viel unsinniger erscheint es mir, dass Ameisen ihrem Alter nach in feste Rollen eingeteilt werden." Ada hatte sich etwas in Rage geredet. „Schön nach Plan arbeiten sie die unzähligen Vorschriften ab, doch ihre Talente und ihre Ideen werden überhaupt nicht gefördert! Vergeudetes Potenzial!"

Die weise Ameise nickte und signalisierte Ada, dass sie fortfahren solle.

„Wenn jetzt ein paar mehr, vor allem ältere Ameisen, gefragt werden und – wie Jerry es ausdrücken würde – mehr Empowerment erhalten, dann ändert sich nur wenig, weil es Einzelne betrifft und sich an der großen Struktur nichts ändert. Wenn unsere gemischten Teams allerdings Handlungsvertrauen und Autonomie erhalten würden, dann könnten wir sehr viel für unseren Ameisenhügel erreichen und ihn sicher für die Zukunft aufstellen."

Die weise Ameise nickte.

„Was gedenkst du denn nun zu tun, Ada?", fragte sie.

„Ich?", stammelte Ada. „Ich?? Was soll ich schon tun! Ich bin nur eine kleine Ameise mit einer Vision von New Work und einer kaputten Briefmarke an der Wand. Und ich bin schuld daran, dass wir Ben und Jerry jetzt am Hals haben." Sie stieß verzweifelt die Luft aus. „Hätte ich bloß nichts gesagt. Die anderen wollen das alles gar nicht, das haben sie mir klar zu verstehen gegeben. Ich werde lernen müssen, mich zu fügen und meine Träume beiseitezulegen. Das ist der einzige Weg!" Die junge Ameise schaute geknickt zu Boden.

Ihre Gastgeberin sah sie ernst und etwas traurig an.

„Ada, deine Zeit ist begrenzt, also verschwende sie nicht damit, das Ameisenleben einer anderen zu leben. Lass dich nicht von Dogmen in die Falle locken. Lass nicht zu, dass die Meinungen anderer deine innere Stimme ersticken. Am wichtigsten ist es, dass du den Mut hast, deinem Herzen und deiner Intuition zu folgen. Alles andere ist nebensächlich." Sie machte eine kurze Pause und wirkte etwas erschöpft. „Verstehst du, was ich meine, Ada?" Die junge Ameise nickte. Sie fühlte sich getröstet und bestärkt. Gleichzeitig wurde ihr klar, wie elementar die Worte der weisen Alten waren, die wirklich Verständnis für sie zu haben schien.

„Ich möchte dir etwas von früher erzählen, kleine Ada", setzte die weise Ameise an. „Vor vielen, vielen Jahren hatten wir keine Hügelpostillen und keine Führungsmeetings. Wir haben einander unsere Geschichten erzählt."

„Das nennt Jerry heute Storytelling und verkauft es als agile Methode," warf Ada sarkastisch ein. Die weise Ameise schaute sie streng an. Sie mochte es nicht, unterbrochen zu werden. Ada senkte erneut den Blick und hob entschuldigend ihre Hände.

„Als wir mit unserem Ameisenvolk gestartet sind, waren wir noch eine kleine Gemeinschaft. Und wir hatten ein klares Ziel: Wir wollten den Wald um uns herum optimal bedienen, die Ressourcen bestmöglich nutzen und alles dafür tun, dass sich das ökologische Gleichgewicht kontinuierlich verbesserte. Wir wollten auf Schadinsekten achten, den Artenreichtum erhalten, die Lebensgemeinschaft in unserem Wald und auch in unserem Ameisenhügel selbst. Der Wald war unser Mittelpunkt. Mit ihm sind wir morgens aufgestanden und abends ins Bett gegangen. Wir alle hatten ziemlich viel Verantwortung, und es gab all diese Rollenbeschreibungen und Abteilungen gar nicht. Wir waren ein eingeschworenes Team, reagierten auf Zuruf, konnten uns aufeinander verlassen und hatten alle dasselbe Ziel. Das hat uns geeint."

Ada traute ihren Ohren nicht. Das musste ja eine himmlische Zeit gewesen sein!

„Gemeinsam sind wir stark. Das war unser Motto, das wir immer weiter perfektioniert haben. Aber dann wurden wir immer mehr. Ein Ergebnis unseres Erfolges, könnte man sagen. Und mit dem Wachstum kamen erste Probleme auf. Wir konnten nicht mehr alle miteinander sprechen, nicht mehr einfach die Verantwortung übertragen, weil wir zum Teil nicht mehr wussten, was die einzelnen Ameisen machten."

„Und dann kamen die Rollen und die Vorschriften", murmelte Ada leise. Die weise Ameise nickte.

„Wir entwickelten ausgefeilte Regelsysteme, die es uns ermöglichen würden, Tausende Individuen eines Ameisenvolkes zu einer Einheit mit effizienter ökologischer Leistungsfähigkeit zusammenzufassen. Denn das Ziel, das beste ökologische System für unseren Wald zu bieten, hatten wir da noch nicht aus den Augen verloren. Damals veröffentlichte eine bekannte Ameise namens Frederick Taylor auch seine Prinzipien über effizientes Management: Planung und Kontrolle, die auch heute noch einen großen Stellenwert haben." Die weise Ameise blickte aus dem Fenster und seufzte. „Aber jetzt ist es Zeit für einen Prinzipienwechsel. Die Welt da draußen hat sich verändert. Das hast du in deinem bemerkenswert scharfsinnig beobachteten Wetterbeispiel verdeutlicht. Von diesen Herausforderungen gibt es so einige. Die Ameisen werden mit unzähligen Informationen und Vorschriften überflutet, sie können sich nicht mehr konzentrieren. Es wird Dienst nach Vorschrift gemacht, aber es gibt keine Innovation mehr. Es ist daher wichtig, dass wir uns neu aufstellen und unsere Kompetenzen anders organisieren." Ada sah einen Hoffnungsschimmer. „Das Problem ist nur, dass wir uns alle so sehr daran gewöhnt haben, an unsere Rollen, Vorschriften, Handbücher, Monatsbewertungen und Zielvorgaben, dass wir an manchen Stellen unser kritisches und eigenständiges Denken eingestellt haben. Und daher sind wir jetzt überfordert mit großen Veränderungen. Wir klammern uns an das, was uns Sicherheit gibt. Und das sind unsere hierarchischen Strukturen und Vorschriften. Sie vermitteln uns ein Gefühl von Gewohnheit und – im positiven Sinne formuliert – Sicherheit und Stabilität. Und es scheint so, dass wir, je mehr sich das Umfeld verändert, umso stärker an dieser Struktur festhalten."

Jetzt verstand Ada einige der Ameisen auf einmal sehr viel besser. Wenn sich um einen herum so viel verändert, sucht man Stabilität im Gewohnten und ändert da nicht auch noch etwas. Die anderen Ameisen fanden also gar nicht New Work blöd, sondern sie hatten bloß zu große Angst vor den damit einhergehenden zusätzlichen Veränderungen! Weil New Work und Agilität eben nicht im althergebrachten System umzusetzen waren, sondern nur über die Implementierung eines gänzlich neuen Systems, in dem die Verantwortung bei den handelnden Ameisen selbst lag. Zumindest aus Adas Sicht. Ben und Jerry hatten wahrscheinlich eine ganz andere Meinung dazu.

„Und was uns bei all der Effizienz verloren gegangen ist: unser Blick auf den Wald, seine und unsere Bedürfnisse! Es geht eigentlich nur noch um Internes. Unsere Ziele, Pläne und Vorgaben und dass wir sie erreichen. Um Planung, Kontrolle und Vorschriften. Wie es dem Wald gerade geht? Keine Ahnung! Die meisten von uns wissen nichts mehr über ihn, weil es irgendeine Vorschrift gibt, wegen der sie sogar nicht einmal in den Wald dürfen!" Ada nickte heftig. Diese Vorschrift kannte sie nun wirklich allzu gut – hatte sie doch schon viele Male dagegen verstoßen. „Und gerade weil die Dinge komplexer werden", erklärte die weise Ameise, „brauchen wir unseren kritischen Geist von damals dringend wieder. Was in einfachen und stabilen Bedingungen oder Systemen eine Stärke ist, nämlich linear und effizient zu handeln, wird unter komplexen Bedingungen zur Gefahr für unsere Organisation und alles um uns herum. Die Natur hat uns Ameisen mit einer adaptiven Verhaltensflexibilität ausgestattet; wir können – und so haben wir es in unseren Anfängen auch gemacht – viel Verantwortung tragen und sehr starke Rollenflexibilität zeigen. Es ist völlig absurd, dass Berater von außen kommen und uns sogenannte Purpose-driven-Anthill-Methoden verkaufen wollen, wo wir doch den Sinn unserer Arbeit direkt vor der Nase haben: unseren Wald und seine Gesundheit! Deswegen sind wir da. Wir müssen uns nur darauf zurückbesinnen und es wieder in den Mittelpunkt unseres Handelns stellen."

Ada strahlte! Sie ahnte, dass sie die beste Mitstreiterin gewonnen hatte, die sie in ihrem Ameisenhügel überhaupt finden konnte. Aber was sollten sie nun tun? Wie wollten sie das Problem angehen? Noch während Ada darüber nachdachte, kam ihr die weise Ameise zuvor.

„Ada, du musst ausziehen." Ada machte eine gedankliche Vollbremsung. Ausziehen? Sollte sie etwa doch nach Sibirien? War es nun doch so weit, dass sie für ihre Ideen, das Einberufen der Versammlung und die offenbar ungehörige Rückmeldung bestraft werden sollte? Sie bekam kaum Luft und hatte Mühe, den Kopf zu heben und die Alte anzuschauen. Adas Stimme versagte, und sie flüsterte:

„Ich soll ausziehen? Aber warum muss ich gehen? Ich habe doch nichts Schlimmes getan!" Noch ehe sie weitersprechen konnte, fiel ihr die weise Ameise ins Wort.

„Papperlapapp! Du sollst raus in die Welt, dir einen anderen Stamm anschauen, von dem mir berichtet wurde! Dort haben sie alles sehr erfolgreich umgestellt. Ich möchte, dass du dorthin gehst und alles an Informationen mitbringst, was wir brauchen, um hier einen neuen Start hinzubekommen." Ada richtete sich auf. Sie hatte vor lauter Schreck die Luft angehalten und atmete nun erleichtert aus.

„Aber was ist mit Ben und Jerry und der Ameisenkönigin?"

„Das lass mal meine Sorge sein. Ich glaube, die Ameisenkönigin wird erleichtert sein. Hast du ihren Gesichtsausdruck gesehen beim Vortrag unserer beiden Schlauberger? Und Ben und Jerry, die Meister der Agilität, werden schnell andere Ameisenhaufen finden, denen sie ihre Termitenmethode verkaufen können. Es gibt nämlich viele Ameisenvölker ohne mutige kleine Ameisen wie dich, die sich solch einer Augenwischerei entgegenstellen." Die Alte zwinkerte ihr verschwörerisch zu. „Also, pack deine Sachen und mach dich reisefertig. Morgen geht es los. Ich begleite dich noch bis ganz in die Nähe des Stammes, den du besuchen sollst, den restlichen Weg wirst du dann allein schaffen. Du erinnerst mich an mich selbst, früher, als ich noch jung war. Die Welt konnte mir gar nicht groß genug sein. Nun kannst du zeigen, was in dir steckt und was du alles leisten kannst. Ich glaube an dich und vertraue dir."

Etwas Besseres, Großartigeres und Ermutigenderes hätte ihr die weise Ameise gar nicht mit auf den Weg geben können. Ada hüpfte begeistert vom Sessel und machte sich eiligst auf den Weg zu Paul. Sie konnte es kaum erwarten, ihm alles zu erzählen. Und packen musste sie ja auch noch. Was musste man wohl alles mitnehmen auf dem Weg nach New Work?

MUT BEDEUTET
ANGST HABEN

(Und es trotzdem tun.)

Ada zieht aus

Ada wachte bereits vor Sonnenaufgang auf. Gleich ging es los! Sie war ziemlich aufgeregt. Trotzdem hatte sie mit Paul bis tief in die Nacht gesprochen. Er hatte sich ehrlich für sie gefreut und war – das wurde Ada erneut bewusst – ein wirklich guter Freund. Die weise Ameise wollte sie noch ein Stück begleiten. Würde sie den Rest des Weges allein finden? Was wäre, wenn sie sich verliefe? Wenn es plötzlich dunkel würde und sie sich nicht mehr orientieren könnte? Ada merkte, dass sie wieder einmal die Luft anhielt. Diese Gedanken taten ihr nicht gut. Schluss damit, Ada, ermahnte sie sich selbst. Du bist eine praktisch denkende Ameise. Du wirst eine Lösung finden, wenn es ein Problem gibt. Wie sagt Paul immer so schön? Wir gehen über die Brücke, wenn wir sie erreicht haben. Also keine kritischen „Was-wird-wenn-Gedanken" mehr!
In diesem Moment hörte sie auch schon die weise Ameise kommen. Sie erkannte das klackende Geräusch des Gehstocks.
„Guten Morgen", wünschte Ada höflich und ging der alten Dame entgegen. Von Paul hatte sie sich schon verabschiedet. Sie war bereit für das große Abenteuer!

Schritt für Schritt gingen die beiden Ameisen immer tiefer in den Wald hinein. Sie kamen nur langsam voran und waren den ganzen Tag unterwegs. Als es dämmerte, hielt die alte Ameise an, und Ada schaute verstohlen zum Himmel hinauf. So ganz wohl war es ihr hier draußen nicht.

„Hier verlasse ich dich nun, kleine Ada. Ich komme sonst mit meinem Gehstock nicht mehr gut zurück im Dunkeln. Ich habe dir den weiteren Weg erklärt. Du wirst ihn finden, daran habe ich keinen Zweifel! Ich wünsche dir viel Erfolg auf deiner Reise und freue mich auf deine Rückkehr. Und denk daran: Nur wer Angst hat, kann auch mutig sein."

Die weise Ameise legte ihr zum Schluss ihre Hand auf die Schulter, drehte sich um und war viel zu schnell im mittlerweile aufsteigenden Nebel verschwunden. Ada hörte nur noch ab und an das Pochen ihres Gehstocks, bis auch das ganz in den Geräuschen des Waldes untergegangen war.

Sie schluckte. Nur keine Panik, schärfte sie sich ein. Und es ist nicht schlimm, Angst zu haben – deswegen braucht man ja den Mut. Sie rief sich die Worte der weisen Ameise ins Gedächtnis. Am besten pfeife ich ein bisschen vor mich hin. Während Ada so pfeifend durch den Wald marschierte, wurde es immer dunkler. Sie schaute sich um und versuchte, sich zu orientieren. Veränderung, ging ihr auf, war auch ein bisschen wie durch einen dunklen Wald zu gehen. Manchmal erkennt man den Weg nicht genau, man fürchtet unsichtbare Gefahren und wünscht sich zurück auf den vertrauten, hellen Weg. Wieder rief sie sich die Gedanken der weisen Ameise ins Gedächtnis. Konzentriere dich auf dein Ziel, Ada, es wird dich führen. Lass es nicht aus den Augen! Nicht das Problematische treibt uns zu wirklichen Erneuerungen an, sondern das Großartige, die Vision. Denn für eine große Idee ergibt die eigene Veränderung – und mag sie noch so schmerzhaft sein – überhaupt erst einen Sinn! Diese Art der Veränderung ist selbstbestimmt und führt zu echter Entwicklung! Man wächst daran. Wie recht die weise Ameise hatte. Ada musste an die Briefmarke aus New Work denken, die in ihrem Zimmer hing. Wie oft hatte sie davorgestanden und sich ausgemalt, wie toll es dort wäre. Dort in New Work.

Sah sie da hinten ein Licht zwischen den Bäumen? Und hörte sie Stimmen? Eine dieser Stimmen kam ihr irgendwie bekannt vor. Konnte es etwa sein, dass …?

Tatsächlich, es war Josefine, die junge Ameise, die ihr bereits von ihrer neuen Organisation berichtet hatte! Sie war gerade im Gespräch mit ihrem Team, als Ada hinzutrat.

„Hallo, erinnerst du dich noch an mich?", fragte der Neuankömmling schüchtern. Die junge Ameise sah zu ihr hin.

„Ja, na klar! Ada! Was machst du denn hier?", rief sie erfreut.

„Die alte weise Ameise unseres Stammes hat mir geraten, euren Stamm zu besuchen, um zu lernen, wie man sich agiler organisieren und selbstverantwortlicher arbeiten kann", erklärte Ada.

„Aber hattet ihr nicht zwei Berater im Haus, die das mit euch machen wollten?", erwiderte Josefine und sah sie fragend an. Ada verdrehte die Augen. Ben und Jerry schienen ja wirklich waldbekannt zu sein.

„Um ehrlich zu sein, das hat nicht so gut geklappt. Deswegen bin ich hier. Kannst du mir zeigen, was ihr hier verändert und wie ihr das gemacht habt? Und wäre es vielleicht sogar möglich, dass ich eure Königin dazu spreche?", fragte Ada vorsichtig.

„Ja, ja und nein", bekam sie zur Antwort. Die junge Ameise lachte. „Wir zeigen dir gern alles, aber die Königin brauchst du dafür nicht zu sprechen. Wir können es dir auch erklären. Daran erkennst du vielleicht jetzt schon, wie tiefgreifend die Veränderung hier ist und wie selbstorganisiert wir mittlerweile handeln. Denn es klappt hervorragend. Komm, ich zeige dir einen Platz, wo du übernachten kannst, und morgen sehen wir weiter." Sie führte Ada zu einem schönen, kleinen Gästezimmer und verabschiedete sich für die Nacht.

„Schlaf gut, Ada!"

Ada konnte kaum glauben, dass sie nun in diesem fremden Hügel, bei einem anderen Ameisenvolk, schlief und sich morgen erklären lassen würde, wie man nach New Work kam. Ich bin so neugierig ... Weiter kam sie nicht, da sie vom Schlaf übermannt wurde.

Am nächsten Morgen musste sie sich erst einmal orientieren, stand dann aber sofort tatendurstig auf, denn sie wollte möglichst viel in Erfahrung bringen. Als sie an den großen Platz vor dem Ameisenhügel kam, entdeckte sie Josefine und ihr Team – bereits in lebhafter Diskussion.

Ihre neue Freundin winkte sie zu sich.

„Hallo Ada, ich möchte dir mein Team vorstellen. Das ist Karim, unser Experte fürs Bauen." Eine Ameise mit Bauhelm lächelte Ada an. „Und das ist Martin, unser Experte für Wärmeregulation." Eine weitere Ameise tat so, als würde sie sich Luft zufächeln. „Ich selbst bin Expertin für Kühlstrategien, und Nadja und Antonia sind Expertinnen für Standortmanagement." Ada schaute staunend in die Runde. Martin holte Luft. „Bevor du fragst: Wir alle waren vorher auch ganz normale Arbeitsameisen und haben in alterseingeteilten Rollen gearbeitet." „Und wir möchten dir nun die Fragen beantworten, wegen denen du dich auf deine lange Reise begeben hast", sagte Josefine. „Da wir in unserem Team alle gleichberechtigt sind, werden drei von uns das Erzählen übernehmen und die anderen beiden werden dir den Aufbau unserer Organisation zeigen. Ich hoffe, dass das so in Ordnung ist für dich." Josefine blickte Ada fragend an, und die nickte völlig perplex, denn sie war es gar nicht gewöhnt, dass jemand sein Vorgehen mit ihr abstimmte. New Work fühlt sich jetzt schon gut an, dachte sie und richtete die Fühler auf.

„Vor zwei Jahren", begann Josefine, „waren wir auch noch hierarchisch organisiert. Die Königin, die Managementameisen und darunter die Führungsameisen. Wir sind ein sehr großes und erfolgreiches Volk. Sehr groß – und unsere Königin erkannte eines Tages, dass sie gar nicht mehr wusste, was im Hügel und drum herum eigentlich vor sich ging. Sie bekam ja nur noch zu hören, was die Managementameisen ihr mitteilten. Dann stand die Mittelfristplanung mit ihrem Managementteam an, und sie fragte sich, ob es wirklich zielführend für die Zukunft des Stammes war, einfach immer so weiterzumachen. Hatte doch auch sie schon erkannt, dass sich einiges im Wald verändert hatte – und zwar nicht zum Guten. Die Aufgaben der Ameisen, die zuvor über Jahrzehnte nahezu konstant gleich gewesen waren, entsprachen nicht mehr den aktuellen Anforderungen. Da beschloss die Königin, sich auf den Weg zu machen und mit möglichst vielen von uns zu sprechen. Sie wollte verstehen, wie wir unseren Alltag gestalten, mit welchen Herausforderungen wir jeden Tag zu tun haben und wie wir diese Aufgaben bewältigen." Jetzt übernahm Martin.

„Sie stellte uns eine Menge Fragen. Wir bekamen zunächst kaum ein Wort raus. Aber nachdem wir unseren Schreck überwunden hatten – immerhin war es die Königin, die da zum ersten Mal direkt mit uns sprach und tatsächlich interessiert war –, wurden wir immer mutiger und offener. Wir erklärten ihr, dass es schwer sei, Probleme zufriedenstellend und schnell zu lösen, wenn Vorschläge immer erst ihren Weg durch die vielen hierarchischen Ebenen finden müssten, bevor es eine Rückmeldung gäbe. Außerdem war bis dahin jede Abteilung nur mit den eigenen Themen beschäftigt. Hinzu kam, dass es auch einige, teils heftige Konflikte zwischen den Abteilungen gab. Es gab schon Lagerbildungen innerhalb unseres Hügels. Stell dir das vor! Das hing mit unserem Zielbewertungssystem zusammen. Alle wollten Erfolge für sich selbst verbuchen und damit die positiven Bewertungspunkte einheimsen. Nur so konnte man schließlich Führungs- oder sogar Managementameise werden. Und ständig gab es Kompetenzgerangel. Und da die Management- und Führungsameisen diejenigen waren, die die Bewertungen vergaben, bewerteten sie immer solche Ameisen besonders gut, die ihnen sehr ähnlich waren und machten, was die Führungskräfte wollten. An mehreren Beispielen konnten wir unserer Königin zeigen, dass wir die Probleme sofort in gemischten Teams und ohne Zielbewertungssystem hätten lösen können, wenn man uns nur gelassen hätte. Dadurch wären die Konflikte gar nicht erst entstanden, weil das Zielsystem unserer Kooperation nicht entgegengestanden hätte und wir unseren Stamm noch effektiver hätten schützen können."

„Das hat die Königin sehr nachdenklich gemacht", übernahm nun Karim. „Sie setzte sich mit ihren Management- und Führungsameisen zusammen und diskutierte die Erfahrungsberichte mit ihnen. Erwartungsgemäß sahen ihre engen Mitarbeiterameisen das etwas anders. Sie sprachen von Beherrschbarkeit einer großen Organisation, Absicherung von Zielerreichung durch notwendige Kontrolle – und warnten vor der Herausforderung, eine so große Organisation ökologisch erfolgreich zu steuern, gerade dann, wenn man Dinge verändern muss."

Nun übernahm Josefine wieder.

„Und genau hier lag der Irrtum. Bestehende Hierarchie-Muster wurden verstärkt und nicht verändert. Noch mehr Planung, noch mehr Kontrolle, noch mehr Bewertung. Das war ihre Antwort. Wir sind dann eingeladen worden zu diversen Gesprächen, und es gelang

uns, den Führungsameisen und dem Ameisenmanagement klar zu machen, dass eine stark wachsende Organisation das Gegenteil von mehr Hierarchie, Kontrolle und Vorschriften braucht, weil sie sonst in ihrer Reaktionszeit immer langsamer wird. Und dass das gefährlich ist für einen Stamm. Und dass einem nicht zuletzt extrem viel Expertise verloren geht. Denn wie du bestimmt selbst gemerkt hast, Ada, verändert sich im Wald gerade einiges. Und davon haben die Ameisen vor Ort nun mal mehr Ahnung als eine Führungsameise, die mit Vorgaben, Plänen und Kontrolle beschäftigt ist."
Ada nickte fasziniert.

„Aber wie haben die Führungsameisen darauf reagiert, dass ihr das Gegenteil von Hierarchie, Kontrolle und mehr Vorschriften vorgeschlagen habt?" Josefine grinste bei der Erinnerung daran.

„Meine Güte, haben die sich aufgeregt. Es gab erst einmal die komplette Palette von Abwehrmechanismen. Die reichten von Ärger, Aggression, Weltuntergangsszenarien, krasser Abwertung unserer Ansätze, Enttäuschung, weil wir für undankbar gehalten wurden, bis hin zu Entrüstung und Unterdrückung unserer neuen Ideen. Nur einige wenige hatten sich für die Pläne geöffnet und wollten mehr darüber wissen. Zum Glück war auch die Königin bei dieser Gruppe. Ohne sie hätten wir es wohl nicht geschafft."

„Wir erklärten ihnen auf der Grundlage unserer täglichen Erfahrung, warum es wichtig ist, auf bestimmte Veränderungen schnell zu reagieren, und warum wir das Vertrauen bräuchten, das auch tun zu dürfen. Wir haben uns abends oft zusammengesetzt und darüber diskutiert, was wir brauchen, um das zu schaffen. Und das haben wir in einem Papier zusammengefasst und denen da oben vorgestellt", berichtete Martin, zeigte mit dem Finger gen Himmel und grinste.

„Herausgekommen ist unser sogenanntes agiles Manifest." Martin zeigte auf ein Plakat, das hinter ihm am Hügel hing:

MANIFEST

Ameisen und Interaktionen sind wichtiger als Prozesse und Werkzeuge.

Funktionierende Vorgehensweisen sind wichtiger als Vorschriften und umfassende Dokumentationen.

Die Zusammenarbeit mit dem Wald ist wichtiger als die ursprünglich formulierten Leistungsbeschreibungen.

Das Eingehen auf Veränderungen ist wichtiger als das Festhalten an einem Plan.

Ada war wie elektrisiert.

„Aber wie konntet ihr dieses Manifest in eurem Hügel umsetzen?"

„Wir haben in gemischten Teams diskutiert und aufgemalt, wie wir uns organisieren wollen. In Form von vielen kleinen autarken und entscheidungsfähigen Ameisenhügeln, als Teile eines großen Haufens, um ein hohes Maß an Flexibilität und Schnelligkeit zu erreichen. Agilität heißt nämlich nicht nur schnell reagieren können, sondern vor allem dürfen. Und das geht nur mit dezentraler Verantwortung. Insofern war es der wichtigste Schritt zur Umsetzung des Manifests, die Struktur zu verändern." Josefine nickte heftig.

„Radikal", ergänzte Martin.

„Ich bin überrascht davon, wie sehr sich eure Erfahrungen mit meinen Überlegungen decken, obwohl wir völlig verschiedene Stämme sind", erklärte Ada. „Bei uns gibt es Vorgesetzte, gelehrte Ameisen, die studiert haben und auch wirklich klug sind. Daher ist es schwierig, wenn so eine kleine, dahergelaufene Brutpflegeameise wie ich mit solch großen Ideen daherkommt. Daran haben viele Leute schwer zu knacken", erläuterte sie die Situation in ihrem Stamm. „Und ich träume von Gleichwürdigkeit der Ameisen, und dass sinnvolle Arbeit noch erfolgreicher wird, wenn man den Ameisen das Vertrauen gibt, dass sie sich die Tätigkeit aussuchen, in der sie am besten sind."

Die Umstehenden nickten zustimmend. Deswegen hatten sie das Manifest entwickelt und verabschiedet. Sie hatten viele Änderungen in ihrer Organisation durchlaufen, nachdem sie ihren Hügel umstrukturiert hatten. Denn bei all dem hatten sie viel gelernt.

„Weißt du, Ada, es gibt zwei Dinge, die elementar waren. Zum einen, dass alle dann doch irgendwann verstanden haben, dass es in alten Systemen nichts Neues geben kann. Am Anfang sind wir immer hin und her geschwankt ... zwischen dem Erhalt bisheriger Strukturen und einer Veränderung innerhalb dieses Rahmens – oder einer funktionalen Änderung der alten Strukturen, von Hierarchie eben auf dezentrale Verantwortung. Und nur Letzteres hat wirklich funktioniert und ist effektiv."

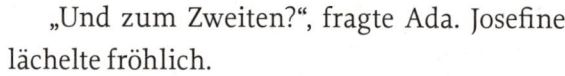
„Und zum Zweiten?", fragte Ada. Josefine lächelte fröhlich.

„Dass Raum und Zeit für die eigene Entwicklung der Ameisen zur Verfügung stehen muss. Agile Methoden anzuwenden, kann man lernen. Agil zu sein – das braucht eine innere Kompetenz. Da reicht das vielgepriesene Mindset nicht aus. Man muss es können. Es geht um innere Stabilität, um Selbsterkenntnis, Selbststeuerung und Selbstbewusstsein. Ziemlich viel ‚Selbst' also. Ameisen brauchen ein stabiles Sicherheitserleben, um agil zu sein. Das muss hergestellt werden, und  das ist für Ameisenstaaten gar nicht so einfach. Parallel dazu ist es erforderlich, dass sich bei den Einzelnen die innere Sicherheit erhöht. Und das ist viel mehr als nur Arbeiten an seiner Haltung." Die anderen nickten zustimmend und Karim fuhr fort.

„Selbsterkenntnis beispielsweise bedeutet zu erkennen, was man als Ameise gut kann und was nicht. Auf dieser Basis ist man überhaupt erst in der Lage, seine Kompetenzen und seine Persönlichkeit weiterzuentwickeln. Ängstliche Ameisen zum Beispiel sind ja nicht ängstlich auf die Welt gekommen, sondern sie haben über Erfahrungen gelernt, ängstlich zu sein. Und so können sie ihr Potenzial nicht gut abrufen, weil ihre inneren Bilder von Ängstlichkeit geprägt sind und sich dies in ihre Handlungen überträgt. Wenn man jetzt zu ihnen sagt: ‚Sei agil und mutig!', dann haben sie in ihrem Inneren keine passenden erfahrungsgeprägten Bilder, um dieses Verhalten zu zeigen, auch wenn sie das gern täten. Und daran haben wir gearbeitet. Auch unsere Selbststeuerung haben wir trainiert, so dass wir gelernt haben, gut mit unseren Gefühlen umzugehen. Das ist nämlich auch eine Kompetenz", erläuterte Karim. „Damit man besser streiten kann." Er grinste.

„Unsere Führungskräfte haben das auch trainiert, um ihre Angst loszuwerden, in ihrer neuen Rolle alles zu verlieren und nicht mehr wichtig zu sein für die Organisation", berichtete Martin. „Das war ein ganz schön harter Brocken. Aber letztendlich sind alle daran gewachsen, und dann erst waren wir in der Lage, agil zu handeln und agil zu kooperieren." Ada versuchte, sich vorzustellen, wie Jim und Tim das taten – es gelang ihr nicht so recht.

„Wenn du bald wieder nach Hause gehst, sollten das die wichtigsten Lektionen in deinem Gepäck sein", war sich Josefine sicher. „Agile Organisationen sind dezentral aufgebaut und nicht hierarchisch, und das setzt dezentrale Verantwortungsübernahme aller Ameisen für den Stamm voraus – und die muss man lernen." Ada verstand jetzt, warum Ben und Jerry so viel Verunsicherung ausgelöst hatten bei den Ameisen. Sie hatten eigentlich vorgeschlagen, es bei der alten Hierarchie zu belassen, die Dinge nur umzubenennen und innerhalb der Hierarchie neue agile Methoden einzuführen. Damit hatten sie versucht, New Work und agile Prinzipien aufzuteilen (obwohl sie nicht teilbar sind) und einzelne Prinzipien herauszupicken, von denen sie annahmen, man könnte sie gut gebrauchen.

„Aber was ist mit eurem Management und den Führungsameisen? Was machen die denn jetzt den ganzen Tag?", fragte Ada nachdenklich. Die anderen lachten. Karim erklärte es ihr:

„Das war nicht so leicht am Anfang. Waren sie es doch gewohnt, die Denkarbeit zu machen, während wir anderen die ‚normale Arbeit', manche sagten sogar ketzerisch, ‚die echte Arbeit' leisteten. Und da jetzt Verantwortung bei den Teams liegt, müssen diese ja auch die Denkarbeit machen, so dass Denken und Handeln wieder zusammenkommen. Das bedeutet aber nicht, dass die Management- und Führungsameisen überflüssig sind. Nur ihr bisheriger Arbeitsbereich ist es. In unserem gemeinsamen neuen Verständnis ist Führung Arbeit am gesamten Hügelsystem und nicht nur im

Hügelsystem. Und schon gar nicht das veraltete ‚Ich führe dich und du folgst mir'." Karim lachte.

„So hat sich jede Führungsameise auf ihren eigenen Ameisenhintern gesetzt und sich gefragt, wie sie für das neue System förderlich sein kann. Was ihre sinnvolle Aufgabe sein könnte, um uns im neuen System ökologisch erfolgreich zu machen. Und wir waren alle überrascht, wie viele gute Sachen dabei herausgekommen sind. Jetzt arbeiten wir gleichwürdig Seite an Seite und tragen alle unseren Teil zum Gelingen bei, wobei es fachliche Einzel-Entscheidungskompetenzen ebenso gibt, wie Teamentscheidungen."

„Und", ergänzte die Ameise mit der Brille, „viele Managementameisen sind nun in wichtigen fachlichen Funktionen in die Teams integriert und unterstützen an den Stellen, wo ihre Erfahrung von unschätzbarem Wert ist. Sie sind in Zentrumszellen organisiert und stärken unsere Teams, die vor Ort die Verantwortung tragen."

„Und was ist mit Monatsbewertungen und Zielvereinbarungen und Planungen?", fragte Ada.

„Das brauchen wir nicht mehr. Sie waren schädlich für unsere neue Arbeitsweise, denn sie haben nur zu Egoismen und Konflikten geführt. In den Teams haben wir regelmäßige Treffen, in denen wir gemeinsam auf die nächsten Schritte schauen und darüber diskutieren, wie der beste Weg auf die nächste Entwicklungsstufe sein könnte. Wir legen konkrete Ziele fest, deren Erreichung wir alle miteinander auch messen. So tragen wir gemeinsam Verantwortung für die Zielerreichung. Wir haben auch gelernt, innerhalb der Gruppe unsere Konflikte auszutragen und zu lösen. Das ist sehr wichtig, wenn man sich selbst organisiert. Vorher ist man zu den Führungsameisen gelaufen, hat seinen Ärger über andere dort abgelassen – und die haben dann mit der entsprechenden Ameise ein Kritikgespräch geführt. Heute klären wir das unter- und miteinander. Und manchmal hilft uns eine Führungsameise dabei, indem sie das Gespräch begleitet."

„Und wir brauchen auch niemanden mehr", setzte Josefine fort, „der uns sagt, ob wir gute Leistungen oder schlechte Leistungen erbringen. Das machen wir im Team. Darüber wird sehr klar und offen gesprochen. Das ist auch nicht immer leicht, ehrlich gesagt, aber so verbessern wir kontinuierlich unsere Leistungen und lernen viel. Wir fühlen uns mittlerweile so sicher miteinander, dass keiner mehr Angst hat vor Kritik oder davor, einen Fehler einzugestehen. Wir lernen schnellstmöglich daraus."

„Das hat zu der paradoxen Situation geführt, dass auf einmal viele Fehler auftauchten. Zunächst waren wir total irritiert und hatten Sorge, dass die neue Art zu arbeiten uns viel mehr Fehler machen ließ", beschrieb Martin. „Als wir dann darüber gesprochen haben, wurde schnell klar, dass wir früher viel mehr Fehler gemacht hatten als wir es heute tun, nur dass wir diese früher vertuscht haben, weil wir Angst vor den schlechten Bewertungen hatten." Josefine lächelte sie an.

Ada staunte, wie all die schwierig erscheinenden Probleme, die aus der alten Arbeitsweise aber auch aus Umstrukturierung resultierten, ihre Lösung gefunden hatten. Sie fühlte sich so leicht und befreit wie ein schwebender Löwenzahnsamen.

„Hattet ihr denn auch einen Berater in eurem Prozess?" Martin nickte.

„Ja, allerdings haben die beiden, Agnes und Markus, sich ziemlich anders verhalten, als du es von Ben und Jerry beschreibst. Sie haben uns unterstützt, die schwierigen Themen offen zu diskutieren und haben uns unterschiedliche Modelle vorgestellt, wie man sich organisieren kann. Und dann haben wir darüber diskutiert, welches dieser Modelle am besten zu uns passen würde. Durch ihre Unterstützung haben wir verstanden, warum es nicht reicht, nur Modelle zu verändern, sondern auch sich selber entwickeln muss." Das klang wirklich sehr anders!

„Eine letzte Frage habe ich noch. Wer hat eigentlich die Teams zusammengesetzt? Und wie? Die Königin oder das Management oder die Führungsameisen?"

„Keiner von denen", antwortete Martin. „Es durften sich Ameisen als Teamlead für ein Thema bewerben. Mit ihren eigenen Vorstellungen darüber, wie sie das Thema angehen würden. Und das wurde dann von der Königin entschieden. Und dann haben wir einen Marktplatz veranstaltet. Jeder Teamlead hat sein Thema und seine Ideen vorgestellt und darüber versucht, die Ameisen für sein oder ihr jeweiliges Team und die Aufgabe zu begeistern."

„Und das hat prima geklappt", ergänze Josefine. „Bei uns entscheiden auch nicht mehr die Führungsameisen, wer neu ins Team aufgenommen wird, sondern die Teams selber. Die jeweilige Ameise bewirbt sich mit ihrer Idee und warum sie denkt, in diesem Team richtig zu sein. Und dann wird gemeinsam entschieden."

„Aber wie ist das mit den Leistungsträgern? Die, die weiterkommen wollen?", hakte Ada nach.

„Die dürfen immer mehr Verantwortung in fachlichen Entscheidungen übernehmen. Damit bemessen sich Karrieren aber eben nicht mehr nach der Frage ‚Wie viele Ameisen hast du unter dir?', sondern nach Kompetenz und dem entsprechenden Handlungsfreiraum."

Ada war völlig fasziniert. Dann lächelte sie alle der Reihe nach an.

„Ich habe das Gefühl, dass sich meine Reise sehr gelohnt hat! Nun kann ich zurückkehren – mit so vielen großartigen Ideen im Gepäck. Ich danke euch allen sehr!" Josefine klopfte ihr auf die

Schulter und lachte.

„Und wenn du Hilfe brauchst, dann kommst du einfach vorbei, und wir unterstützen dich. Wenn es so einfach wäre, Neues zu schaffen, würden es ja alle ständig tun. Ein alter Philosoph hat mal etwas sehr Wahres gesagt: ‚Für Wunder muss man beten, für Veränderungen aber arbeiten.' Es ist ein herausfordernder und gleichzeitig so lohnender Weg. Man darf nur einfach nicht aufgeben."

Ada verabschiedete sich und lief schnell los, um vor der Dunkelheit wieder zu Hause zu sein. Aber wenn sie es sich recht überlegte, hatte sie eigentlich gar keine Angst mehr vor der Dunkelheit. Diesmal wirklich fröhlich pfeifend ging sie also weiter, mit dem Kopf voller neuer Ideen. Erst sehr spät kam sie zu Hause an. Sie hatte sich vorgenommen, alle neuen Informationen aufzuschreiben. Aber nicht mehr heute. Sie gähnte ausgiebig, legte sich hin und freute sich schon jetzt darauf, Paul zu berichten, was sie alles gelernt hatte. Selig schlief sie ein.

KLEINE AMEISEN KÖNNEN GROSSES BEWEGEN

(Eigentlich jede und jeder.)

Es geht los

„Du siehst aber glücklich aus, Ada", bemerkte Paul am nächsten Morgen und rieb sich die Augen, als seine Freundin ihn in aller Frühe weckte. Er war so froh, dass sie gesund wieder zurückgekommen war!

„Das bin ich auch. Mir schwirrt noch der Kopf, und ich weiß gar nicht, wo ich anfangen soll. Ich habe tolle Neuigkeiten!"

„Am besten erzählst du der Reihe nach", grinste Paul, der seine Freundin gut kannte, machte es sich bequem und schaute sie ganz neugierig an. Ada begann ihre Erzählung damit, wie die weise Ameise sie durch den Wald führte. Dann berichtete sie davon, wie sie Josefine wiedergetroffen hatte. Und dass diese ihr, gemeinsam mit ihrem Team, alles über ihren dezentral organisierten Ameisenhügel erzählt hatte, mit all den Höhen und Tiefen, bis sie nun höchst erfolgreich den Wald um sich herum versorgten. Am erstaunlichsten erschien es Paul, dass das alles durch selbstorganisierte Teams bewerkstelligt wurde und nicht mehr durch Management und Führung angewiesen werden musste. Wirklich? Ein so großer Stamm konnte allein über Teams organisiert werden? Und – das war seine persönliche Lieblingsstelle in Adas Erzählung – es gab keine Monatsbewertungsgespräche mehr. Angst ade! Keine Zielvorgaben von oben mehr, stattdessen reagierten die Teams eigenverantwortlich auf die Notwendigkeiten des Waldes und leiteten ihre Ziele daraus ab. Das gefiel ihm. Das gefiel ihm sogar sehr!

„Jetzt musst du das nur noch der Ameisenkönigin und Jim und Tim beibringen. Am besten schonend." Paul zögerte. Das schien ihm der schwierigste Teil zu sein. „Ben und Jerry haben noch einen weiteren Workshop abgehalten. Sei froh, dass du nicht dabei warst. Bei den Kühltrupps gibt es ein paar Ameisen, die allen Ernstes überlegt haben, das Fahrzeug von den beiden Dünnblattbohrern zu sabotieren, damit sie nicht mehr wiederkommen können." Das brachte Ada zum Lachen.

„Ich habe jetzt gleich einen Termin bei der Ameisenkönigin und werde ihr alles berichten. Keine Ahnung, wie das ausgeht. Eines aber kann ich dir sagen: Mir kann niemand mehr nehmen, gesehen zu haben, dass meine Vision von New Work funktioniert. Und zwar so gut, dass der Stamm ökologisch erfolgreicher ist als jemals zuvor. Sie sind unglaublich wendig, wenn es darum geht, neue Lösungen für etwas zu finden. Und alle arbeiten total selbstbewusst." Sie sah auf die Uhr. „Paul, ich muss los. Wünsch mir Glück!" Paul versprach, ihr die ganze Zeit beide Ameisendaumen zu drücken.

Vor der Tür des Büros warteten bereits Jim und Tim darauf, eingelassen zu werden. Ada grüßte die beiden höflich. Jim nickte ihr freundlich zu, während Tim mürrisch zur Seite blickte. Als sie ein vernehmliches „Herein!" hörten, betraten sie zusammen das Büro der Königin. Dieses Mal saß sie nicht hinter ihrem Schreibtisch, sondern an einem runden Besprechungstisch und bedeutete ihnen allen, sich ebenfalls zu setzen.

„Herzlich willkommen zurück, Ada", begrüßte die Königin

sie. „Auch wenn ich zunächst enttäuscht darüber war, dass du dir bei mir keine Erlaubnis für deine Reise eingeholt hast, bin ich sehr froh, dass du wohlbehalten wieder da bist. Die alte weise Ameise hat mir alles erklärt." Sie wandte sich an die anderen beiden. „Ich habe euch zusammengerufen, weil ich Ada bitten möchte, von ihrer Reise zu berichten und uns an ihren Erkenntnissen teilhaben zu lassen. Wie dir, Ada, sicherlich schon zu Ohren gekommen ist, lief es mit Ben und Jerry nicht optimal. Wir haben den Prozess zunächst einmal ausgesetzt, bis die Erkenntnisse deiner Reise vorliegen. Wir warten noch kurz auf die beiden und auf eine Kollegin aus der AR-Abteilung, und dann kann es losgehen."

Ada wurde nervös. Ben und Jerry sollten auch dabei sein? Na, dann würde sie ja nicht nur mit Jim und Tim zu kämpfen haben, sondern auch mit den beiden Beratern. Oha. Aber vielleicht sprang ihr ja die Ameise von der Ant Ressources Abteilung bei, wenn es brenzlig

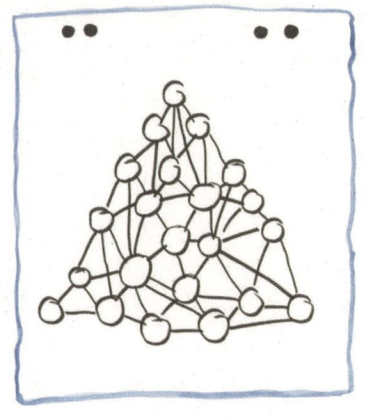

wurde. Und da ging auch schon die Tür auf, die AR-Ameise und die beiden Berater betraten mit Schwung – total agil eben – den Raum und setzten sich zu ihnen.

„Nun Ada, dann berichte bitte von deiner Reise!", forderte die Königin sie auf. Und Ada erzählte. Nach den ersten Sätzen hatte sich ihre Nervosität gelegt, weil sie merkte, dass ihr alle zuhörten. Und sie dachte an die selbstbewusste Josefine. Das verlieh ihr Mut.

„Dieser Stamm ist dezentral in Teams organisiert, die jeweils spezielle Aufgaben haben, die sie fachlich selbstorganisiert ausüben. Sie sind – anders als bei uns – fachlich gemischt und altersunabhängig besetzt. Die Besetzung wird nach den jeweiligen Kompetenzen vorgenommen, aber nicht durch die Führungsameisen, sondern durch Vorschläge der Teammitglieder selbst. Diese wählen auch selbst neue Ameisen aus, wenn das Team Verstärkung braucht."

Die Ameise aus der AR machte sich eifrig Notizen, ebenso Ben und Jerry. Tim wirkte zunehmend aufgebracht.

„Und was bitte schön machen dann die Führungsameisen überhaupt noch? Sie planen und kontrollieren nicht mehr, sie teilen nicht mehr ein. Es gibt – wie du sagst – keine Monatsbewertungen und Jahreszielvorgaben. Und Kritikgespräche führen sie auch nicht mehr. Was soll das? Dann packen wir wohl mal am besten gleich unsere Koffer."

Ada versuchte, ihn zu beschwichtigen.

„Die Führungsameisen und die Königin dieses Volkes haben

andere, neue Rollen eingenommen. Es geht nicht mehr um hierarchische Führung, sondern um Unterstützung der Teams, damit sie optimal arbeiten können. Ziel ist es nicht, ganz viele einzelne agile Teams zu haben, sondern eine gute und agile Interaktion zwischen den Teams. Das ist Arbeit am Stamm und nicht nur im Stamm. Das ist es, was dem Wald und damit dem Stamm wirklich hilft. Es gibt auch dort nach wie vor zentrale Aufgaben, wie z. B. Ant Ressources, wobei sie es dort anders benannt haben. Aber diese Bereiche sind darauf ausgerichtet, die Ameisen ebenso in den Teams zu unterstützen, damit diese sich zu 100 Prozent auf den Wald und die Auftragssituation konzentrieren können."

Tim beruhigte sich ein wenig, aber die Ameise von den AR fragte erstaunt:

„Äh, wie heißt denn meine Abteilung dort?"

„Teamsupport", antwortete Ada prompt. „Und das bedeutet nicht nur eine willkürliche Neubenennung. In deren Verständnis ist es gar nicht in Ordnung, bei lebenden Wesen von ‚Ressourcen' zu sprechen. Überhaupt haben sie für viele Begriffe neue Bezeichnungen gefunden. Denn in ihrer Idee kann man nicht auf alten Prinzipien, die durch eine bestimmte Sprachwahl repräsentiert und manifestiert werden, Neues aufbauen. Deswegen muss Neues auch durch eine neue Sprache repräsentiert werden. ‚Sprache schafft Realität', hat mir Josefine erklärt. Auch bei ihnen hat es eine Weile gedauert, bis alle als Gemeinschaft mitgemacht haben, weil viele zurückhaltend und skeptisch waren oder es sogar schlichtweg als falsch ansahen." Ada erklärte den Anwesenden, wie das Zusammenspiel zwischen den dezentralen Teams und den Unterstützungsbereichen funktionierte, und kam dann zu einem ihrer Hauptanliegen. „Es gibt ein Strategieteam, das immer durch diejenigen besetzt ist, welche gerade zielführende Ideen für die Weiterentwicklung des

Stammes haben. Das nennen sie Ameisen-Bowl-Prinzip. Mit dabei sind aber immer die Königin und eine Ameise aus dem Teamsupport, ansonsten diejenigen, die gerade die wichtigsten Themen bearbeiten, oder diejenigen, die neue Themen einbringen wollen. Der Teamsupport ist dort im agilen Hügel auch insgesamt sehr viel strategischer aufgestellt als hier bei uns." Ada sah die Ameise von den AR entschuldigend an. „Teamsupport wird in alle Entscheidungen eingebunden, weil dort das fachliche und methodische Knowhow im Umgang mit Ameisen und deren Leistungsfähigkeit liegt. Und nicht zuletzt sind die ehemaligen Führungsameisen auch in Supportrollen gewechselt, um die Teams zu unterstützen. Mit dieser Aufgabe sind sie auch im Strategieteam vertreten." Ada sah in die Runde und versuchte an den Gesichtern abzulesen, wie die Anwesenden ihren Bericht aufnahmen.

„Wurde dieser Stamm, von dem du da berichtest, in seinem Prozess eigentlich durch agile Consultants begleitet?", fragte Jerry.

„Und wenn ja, durch welche Company? Und wie lautete der Purpose?", ergänzte Ben.

„Am Anfang schon. Aber es war nicht so, dass die Berater dort konkrete Vorschläge oder Vorgaben gemacht hätten. Es gab auch keinen Titel für den Prozess. Sie haben sich stattdessen intensiv mit den Ameisen auseinandergesetzt und mit ihnen über New Work, Wertschöpfung, Agilität, dezentrale Organisation, Lean Management und daraus resultierende Aspekte gesprochen. Josefine hat gesagt, dass es sehr wichtig war, überhaupt erst einmal ein Gefühl dafür zu bekommen, welche Konzepte es gibt und wie sie auf ihren Stamm konkret und spezifisch angewendet werden könnten. Weder New Work noch Agilität können standardmäßig auf alle Ameisenvölker übertragen werden. Also auch nicht auf unseres. Und es ist auch nicht alles New Work, was glänzt. Auch dort gab es

welche, die dachten, mit ein paar Turnschuhen sei es getan, berichtete mir Josefine." Die Königin schaute unwillkürlich zu Jim und Tim, die unter ihrem Blick unruhig auf ihren Stühlen hin und her rutschten und ziemlich froh waren, dass ihre trendigen Schuhe im Moment unter dem Tisch verborgen blieben.

„Das ist natürlich ein totaler Low Brainer", warf Ben geringschätzig ein. „Wahrscheinlich hatten die gar kein richtiges Modell für New Work. Deswegen hatten die auch keinen Titel. Viele Berater haben es halt einfach nicht drauf mit dem Purpose und New Work ..." Bevor Ben seine Abwertungstirade fortsetzen konnte, unterbrach ihn die Königin mit einem warnenden Blick und bedeutete Ada, fortzufahren, was diese auch unbeirrt durch Bens Kommentar tat.

„Dann haben sie angefangen auszuprobieren, wie es gut gehen kann. Sie haben die Teams gebildet und losgelegt. Anscheinend haben sie sehr schnell einen neuen Rhythmus gefunden, weil ihnen dieses Vorgehen half, sich gut zu organisieren, sich mehr mit dem Wald zu beschäftigen als mit der Funktionsweise ihres Stammes. Denn in den letzten Jahren hatten sie sich viel zu viel nur mit sich selbst auseinandergesetzt, anstatt sich auf die Auftragssituation zu konzentrieren."

Ada bemerkte die Unruhe von Jim, Tim und den beiden Beraterameisen und zuckte entschuldigend mit den Schultern. „So wurde es mir erklärt. Sie haben es aber erst realisiert, als sie die ganzen Kontrollwerkzeuge, Reportings und Planungen abgeschafft haben."

„Sie haben diese Instrumente weggelassen? Wie soll das denn bitte funktionieren? Das ist ja wie Blindflug! Eine Katastrophe! Damit können die auf Dauer nicht erfolgreich sein. Die werden untergehen!" Ben konnte sich gar nicht beruhigen – nur klang seine Stimme eher triumphierend als besorgt. „Es gibt schließlich auch einen soliden Mittelweg." Er wandte sich mit ernster Miene an die Königin. „Wir schlagen immer agile Planungswerkzeuge vor, damit sind wir sehr erfolgreich. Die können wir euch gern vorstellen."

„Ich bin mir sicher, dass es auch hierfür eine Erklärung gibt. Oder, Ada?" Die Königin versuchte, die Spannung aus der Situation zu nehmen. Ada nickte zustimmend und erzählte:

„Sie haben sich jedes einzelne Werkzeug angesehen und sich kritisch gefragt, ob die Anwendung dieses Werkzeugs ihre Arbeit für den Wald verbessert. Und falls nicht, dann haben sie es aussortiert. Und laut Josefine sind auf diesem Weg viele veraltete Werkzeuge beiseitegelegt worden, und ein paar wenige effektive sind übriggeblieben. Die meisten aber haben sie neu gestaltet."

„Ich verstehe", versuchte Jim das bisher Gesagte nachzuvollziehen und zusammenzufassen. „Wenn ich vor Ort verantwortlich bin und auch handeln darf, brauche ich keinen, der für mich plant. Und wenn ich keinen Plan brauche, weil ich ja in voller Verantwortung agil agiere, brauche ich auch keine Kontrolle des Plans und damit auch keine Kontrolle der Ameisen. Schlau!" Ada nickte zustimmend.

„Und was passiert, wenn ein Team keine gute Arbeit macht?", warf Tim kritisch ein.

„Hierfür gibt es in den Teams regelmäßige Rückmeldegespräche", antwortete Ada. „Jedes Team hat ja weiterhin Ziele, nur kommen die nicht mehr ‚von oben', sondern werden durch das Team selbst gesetzt. Und einige der Führungsameisen sind Team-Mentoren geworden und unterstützen die Teams in schwierigen Situationen."

„Aber was ist mit der Effizienz?", warf Jim ein. „Alles agil zu machen, kostet doch auch mehr Zeit, oder?" Ada räusperte sich.

„Nun, auch hierfür haben sie eine Lösung gefunden. Es geht ja nicht darum, sich wiederholende Dinge immer wieder neu und anders zu machen. Wenn Abläufe, die auf das Wohl des Waldes einzahlen, nach Standard gemacht werden können, werden sie auch weiterhin nach Standard gemacht. Der wird aber nicht mehr von Vorgesetzten in einer zentralen Vorschrift festgelegt, sondern die Teams einigen sich darauf und stellen auch den anderen Teams ihre Erfahrungen zur Verfügung, um die Interaktion untereinander stetig zu verbessern, denn alles steht ja in Wechselwirkung miteinander. Das nennen sie Lean. Fokus auf den Wald, alles standardisieren, was sinnvollerweise standardisiert werden sollte. Und mit den Themen, bei denen es keine Standards geben kann und darf, weil sie einfach zu komplex oder schlichtweg neu sind, setzt sich das Team auseinander und findet eine adäquate Lösung. Teams können und machen also beides: Standards folgen, wo Standardisierung möglich ist, und agile Lösungen entwickeln, wo es sie braucht", erklärte Ada „Genauso machen sie es auch mit der übergeordneten Strategie. Die planbaren Ziele für den gesamten Stamm werden entwickelt und in einer Strategie beschrieben. Die nicht planbaren Inhalte werden in kurze Intervalle eingeteilt und gemessen und bei Bedarf kurzfristig angepasst."

„Und wenn wir das Gehörte nun gemeinsam auf unseren Stamm übertragen, wie sähe unsere Zukunft aus?", fragte die Ameisenkönigin in die Runde.

„Düster", murmelte Tim, der sich diesen bissigen Kommentar nicht verkneifen konnte. Die Königin ignorierte ihn und forderte die Runde auf, sich zu äußern – und zwar bitte zielführend, schien ihr Gesichtsausdruck zu sagen. Das war der Beginn einer fruchtbaren Diskussion. Es wurde gemalt, gebaut, verworfen und neu gedacht. Zum Erstaunen von Ada hatten Ben und Jerry viele gute Umsetzungsideen. Das hätte sie ihnen ehrlich gesagt nicht zugetraut. Aber auch Jim und später sogar Tim brachten viele wertvolle Beiträge ein, wie der Weg nach New Work für ihren Hügel gestaltet werden könnte. Die AR-Ameise hatte viel methodisches Wissen beisteuern können und war heilfroh, es endlich mal an die Ameise bringen zu dürfen! Am Ende waren alle Wände im Büro der Königin vollgeschrieben und vollgezeichnet.

Und dann stand schließlich der Plan. Völlig erschöpft, aber auch beseelt und voller Tatendrang gingen sie auseinander. Am folgenden Tag schon sollte die Neustrukturierung dem Stamm vorgestellt werden, und zwar dieses Mal nicht nur von der Ameisenkönigin und Jim und Tim, sondern von allen, die an der Entwicklung beteiligt gewesen waren und dazu beigetragen hatten.

UND DIE MORAL VON DER GESCHICHT

(Lass dir den Sinn für das Richtige nicht nehmen!)

Viel gelernt auf dem Weg nach New Work

Ada saß wieder im sehr großen, sehr weichen, sehr alten Ohrenbackensessel im Zimmer der weisen Ameise.

„Nun Ada, wie gefällt es dir in New Work?", fragte die weise Ameise mit einem freundlichen Funkeln in den Augen.

„Prima!", nuschelte Ada, weil sie gerade auf einem sehr großen Keks herumkaute und alles erst herunterschlucken musste. „Ich habe so vieles gelernt."

„Wir haben alle so viel gelernt", freute sich die weise Ameise. „Wir sind jetzt ein noch stärkerer Ameisenstamm als vorher. Wer hätte das gedacht? Die Teams arbeiten sehr gut miteinander und wir haben neue Kompetenzen hinzugewonnen. Klimaexperten, Bauexperten und ein gemischt besetztes Strategieteam. Und weniger Putztrupps ..." Sie lächelte. Ada lächelte zurück. „Wir müssen ja auch nicht mehr so viel reinigen, weil wir jetzt sehr viel flexibler bauen." Die Alte schaute unergründlich, und die kleine Ameise überlegte nun doch, ob sie diese Veränderung verteidigen musste. Ihre Gastgeberin konnte ein Schmunzeln nicht länger unterdrücken. „Letzten Endes ist eine positive Vision viel stärker als die Vermittlung einer kritischen Dringlichkeit zur Veränderung, nicht wahr?" Sie schaute Ada über den Rand ihrer Brille hinweg an.

Das hatte sich im Prozess als größte Herausforderung erwiesen: die Entwicklung einer positiven Vision für die Ameisenkönigin und die Führungsameisen. Denn New Work stand auf den ersten Blick für Führungskräfte und Königinnen einzig für Abgeben: Verantwortung abgeben, Kontrolle abgeben, Macht abgeben, bilaterale Führung abgeben – und nicht zuletzt: Privilegien abgeben. Zu Recht stellte die Führungsameise Tim damals die Frage „Was sind wir denn dann noch?". Und wer, das kann sich jeder mal fragen, gibt eigentlich gerne etwas ab, ohne Sinn, ohne positive Vision, ohne eine Vorstellung von dem, was stattdessen an guten Dingen für einen selbst kommen wird?

Für die Führungsameisen fühlte es sich wie ein Ungleichgewicht an. Zunächst. Der Wendepunkt kam, als Jim und Tim aufgehört hatten sich zu fragen, was sie als Führungsameisen alles tun mussten, was von ihnen erwartet wurde und wie sie die ganze Arbeit überhaupt bewältigen sollten. In vielen gemeinsam veranstalteten Dialogen, die den Prozess begleiteten, hatten sie sich mit sich selbst als Ameisen auseinandergesetzt. Dort konnten sie sich selbst erkennen und reflektieren und fragen: Wann erlebe ich meine Arbeit als wirklich sinnstiftend? Wann und wie entwickle ich mich weiter? Wie möchte ich in einem selbst- und dezentral organisierten Ameisenhügel arbeiten? Was ist eigentlich meine Idee von New Work? Schließlich waren auch sie noch nie gefragt worden, wie sie arbeiten wollten, und hatten vor lauter Müssen, Hektik, Meetings, Überstunden, mangelnder Selbstfürsorge etc. sich selbst und ihre Wünsche völlig vergessen. Auch sie hatten nicht gelernt, ihre Persönlichkeit weiterzuentwickeln. Und die bisherigen Seminare „Agil führen" hatten ihnen ehrlich gesagt auch nicht geholfen.

„Für Jim war es leichter als für Tim", erinnerte sich die weise Ameise. „Aber schlussendlich ist Tim nun führender Bauexperte und berät unterschiedliche Teams in Spezialfragen rund um neue Bauweisen. Und er ist sehr zufrieden dabei! Viel mehr als mit seinem vorherigen Aufgabenbereich. Er schaut gar nicht mehr grimmig und regt sich auch kaum noch auf." Beide lachten, als sie sich den zufriedenen Tim mit Bauarbeiterhelm auf dem Kopf vorstellten, hin- und herwuselnd zwischen den Teams, Tunneleingänge immer wieder genau vermessend, über neuen Plänen brütend. „Und Jim ist ein toller Mentor geworden. Er unterstützt die Teams darin, sich weiterzuentwickeln, und moderiert und begleitet die Strategie-Sitzungen. Das kann er nun mal besonders gut."

Ada hatte während der Umstrukturierung des Ameisenhaufens ihre Aufzeichnungen gesammelt und in einem Buch zusammengestellt. Nun schien ihr der richtige Moment gekommen zu sein, der weisen Ameise das Buch stolz zu überreichen.

„Hiermit möchte ich mich sehr für alles bedanken, was du für mich und für uns getan hast", setzte Ada an und errötete. „Ich habe unsere Reise nach New Work aufgeschrieben und möchte sie dir nun übergeben. Du liest doch so gern." Ada ließ den Blick durch das mit Büchern vollgestopfte Zimmer schweifen.

„Liebe Ada, ich bin sehr gerührt und danke dir von Herzen! Manchmal im Leben hat man das Glück, auf kleine Ameisen zu treffen, die große Visionen haben und sich nicht unterkriegen lassen." Sie zwinkerte Ada zu. „Deswegen möchte ich mich auch bei dir bedanken." Sie verbeugte sich leicht. „Du hast viel für unseren Stamm und den Wald getan. Ich bin sehr stolz auf dich." Ada räusperte sich, und zwei kleine Tränen stahlen sich aus ihren Augenwinkeln.

Die beiden unterhielten sich noch eine ganze Weile, bis Ada sich verabschiedete, um auch der Königin ein Buch zu überbringen. Denn auch sie war maßgeblich daran beteiligt gewesen, dass sich so viel verändern konnte. Ohne sie hätten sie es nicht geschafft.

Adas Stamm war mittlerweile stark gewachsen und komplett dezentral organisiert. Und Ada? Sie hatte sich ihren Traum erfüllen können und gehörte mittlerweile zum Strategieteam. Die weise Ameise, die Ameisenkönigin und Ada gaben in den folgenden Jahren ihre Erkenntnisse auch an andere Stämme weiter. Oft wurden sie eingeladen, von ihrer Reise nach New Work zu berichten, was sie sehr gern taten.

Falls auch ihr nach New Work möchtet, dann helfen euch Adas Erkenntnisse vielleicht ja auch weiter. Viel Erfolg auf eurer Reise!

ADAS
ERKENTNISSE

I. Nachhaltige Veränderung wird von positiven Visionen getragen, nicht von kritischer Dringlichkeit.

II. Wirksame Veränderung ist ein Akt autonomer Willensbildung.

III. Es gibt kein Neues im Alten – halbherzige Versuche führen zu Frustration und Demotivation.

IV. New Work muss für alle Ameisen Perspektiven bieten.

V. Ohne Selbstbestimmung kein New Work.

VI. New Work ist nicht das Ziel, sondern die durch New Work gewonnenen Vorteile für den Wald sind es.

VII. Jeder Hügel ist anders und braucht sein eigenes New Work.

VIII. Nur dezentral organisierte Hügel sind agile Hügel.

IX. Um agil zu agieren, müssen Ameisen sich (miteinander) sicher fühlen.

X. Verantwortung lässt Ameisen wachsen.

Und: Nicht aufgeben!

POST SCRIPTUM

(Was noch zu sagen bleibt.)

Wir starten mit einem entomologischen Hinweis. Wir haben zugegebenermaßen die Kompetenzen unterschiedlicher Ameisenvölker vermischt und einige hinzugefügt. Die Organisation von Ameisenvölkern basiert tatsächlich maßgeblich auf einer altersabhängigen Rollenverteilung unter den Individuen und einer damit verbundenen Ortstreue. Es gibt aber Verhaltensadaptionen, in denen Ameisen ihre Rolle wechseln können. Und wahrscheinlich habt ihr es euch schon gedacht: Die Führungsameisen Jim und Tim sind erfunden. Aber dies ist eine Fabel. Und in Fabeln ist fabulieren erlaubt.

Das von Ada beschriebene New Work-Modell ist ein Verweis auf das Humanfy-Modell von Markus Väth et al., der die ursprünglich von Prof. Frithjof Bergmann in den USA entwickelte, auf drei Prinzipien beruhende Sozialutopie von New Work für die Wirtschaft zugänglich gemacht hat. Dort ist das Konzept mittlerweile in vielen Unternehmen angekommen, wobei eine übergreifende Definition von New Work bislang fehlt. Das öffnet einerseits Wege für Vielfalt und unterschiedliche Herangehensweisen, macht es aber andererseits für Unternehmen schwer, sich zu orientieren. Das Humanfy-Team hat daher eine New Work-Charta entwickelt, anhand derer Unternehmen ihre Wertschöpfung neu ausrichten können.

Die neue Organisationsstruktur des Ameisenhaufens ist eine enge Anlehnung an das BetacodexModell von Niels Pfläging und Silke Hermann. Das Modell umfasst 12 Prinzipien und geht von der Logik aus, dass in volatilen Märkten nur dezentral organisierte Unternehmen agil agieren und auf Dauer wettbewerbsfähig sein können. Organisationsagilität hängt nicht von der Größe eines Unternehmens ab, sondern von seiner Aufstellung. Und damit wäre die Tanker- und Schnellboot-Logik widerlegt, die seit Jahren als Rechtfertigung herangezogen wird, warum große Unternehmen sich vermeintlich nicht verändern können. Sie könnten es sofort, wenn sie sich als Antwort auf immer größer werdende Unsicherheit und Komplexität nicht reflexhaft noch stärker planen und kontrollieren, sondern die Selbststeuerungskompetenzen erhöhen und konsequent dezentralisieren würden. Aber da war ja noch etwas. Ach ja, Vertrauen, richtig....

Weiterführende Informationen zu diesen beiden wirkungsvollen Modellen findet ihr im Literaturverzeichnis. Das Agile Manifest ist wohlbekannt, wir haben es schlicht auf die Welt von Ada übertragen. Man merkt dem Manifest seine 20 Jahre, die es auf dem Buckel hat, nicht an, denn es ist aktueller denn je. Bedauerlicherweise wird Agilität mittlerweile von vielen als unwirksamer Angang abgetan, obwohl es nicht am Prinzip an sich liegt, sondern an der Art des Einsatzes (Neues im Alten) und dem Umgang mit den Prinzipien. Nun zu Adas 10 Erkenntnissen. Diese übertragen wir nachfolgend ins echte Leben und holen etwas weiter aus. In dieser Fabel steckt viel hypnosystemisches Gedankengut. Der hypnosystemische Ansatz wurde zu Beginn der 1980er-Jahre aus den Erickson'schen Hypnotherapie-Konzepten und den modernen systemisch-konstruktivistischen Beratungsmodellen von Dr. Gunther Schmidt entwickelt. Soziale Wirklichkeit ist nach diesem Ansatz ein fortlaufender, offener, kontingenter Erzeugungsprozess, der grundsätzlich mit dem (individuellen) sozialen Kontext verknüpft ist und einer permanenten individuellen Anpassung durch die jeweilige individuelle Bedeutungsgebung unterliegt. „Alles, was wir denken und tun, gewinnt seinen Sinn in Bezug zu etwas anderem, das den Kontext bildet. Wissen und soziale Wirklichkeit entstehen deshalb immer durch aktives in Beziehung sein", so eine Kernaussage von Gunther Schmidt. Das erklärt zum Beispiel, warum Menschen ihre Kompetenzen in Team A voll abrufen können und im Team B nicht. Die Kompetenzen sind dieselben, nur der Kontext hat sich verändert.

Diese Grundsätze sind elementar für die dringend benötigte Persönlichkeitsentwicklung (richtig: nicht Personalentwicklung), die wir in den Unternehmen vollziehen müssen, um Neues Arbeiten und Agilität zu ermöglichen.

Aber der Reihe nach. Kommen wir zur ...

Erkenntnis I
Nachhaltige Veränderung wird von *positiven Visionen* getragen, nicht von kritischer Dringlichkeit.

Die LeserInnen meiner/unserer Bücher wissen, was jetzt kommt. Da es aber aus unserer Sicht von übergeordneter Wichtigkeit ist, zu verstehen, warum die vermeintliche Kausalität zwischen Dringlichkeit und Veränderung viel Schaden anrichtet, bitten wir um Nachsicht, dass wir auf diesen Zusammenhang immer wieder hinweisen. Sätze wie „Menschen verändern sich nicht gern!" lassen sich in unzähligen (Fach-) Publikationen lesen. Diese Aussage stimmt so einfach nicht. Wir verändern uns ständig. Viele Menschen haben sogar eine große Freude daran, sich zu verändern, wenn es für sie Sinn ergibt und ein veränderungsförderndes Umfeld (Stichwort psychologische Sicherheit) gegeben ist. Indem wir uns einreden, dass Menschen sich nicht gerne verändern, stabilisieren wir eine Art Problem-Trance, die zu einem negativem Priming führt. Im Ergebnis glauben dann alle daran, „dass es so ist", und unsere Chancen auf Veränderung minimieren sich drastisch. Stellt euch einfach vor, man würde überall lesen: „Menschen verändern sich liebend gern!" oder: „Menschen sind Meister der Veränderung!". Wie groß und ermutigend wäre dieser Unterschied eines derart positiven Primings! Es gibt ein eindrückliches und klassisches Experiment zum Priming von John A. Bargh: Die Versuchspersonen der ersten Gruppe sollten zunächst aus vier von fünf vorgegebenen Wörtern Sätze bilden, z. B. aus „finds", „he", „it", „yellow", „instantly" den Satz „He finds it instantly". Dann sollten sie für eine zweite Aufgabe in einen anderen Raum am Ende eines Korridors gehen. Dabei wurde gemessen, wie lange die Probanden für die Gehstrecke benötigten. Die zweite Versuchsgruppe hatte Wortlisten bekommen, die Begriffe wie „Florida", „vergesslich", „Glatze", „grau" oder „Falte" enthielten, also Wörter, die mit alten Menschen assoziiert werden. Diese Gruppe ging deutlich langsamer den Gang entlang zum zweiten Raum als die Kontrollgruppe. Die Probanden waren davon überzeugt, dass ihr Verhalten ihrer bewussten Kontrolle unterliegt, während sie aber, allein durch das Lesen der vorgegebenen Wörter, unwillkürlich in ihrem Verhalten beeinflusst wurden. Das ist die Kraft von Priming und unwillkürlicher Aufmerksamkeitsfokussierung!

Unser Gehirn arbeitet erfahrungsbasiert und reduziert maßgeblich Komplexität, damit wir, trotz all der Impulse um uns herum, handlungsfähig bleiben. Insofern wird uns innerlich erst einmal eine Lösung angeboten, die uns bekannt ist. Es entsteht Routine, die unser Gehirn sehr mag. Veränderung bedeutet, diese Automatismen und Routinen zu unterbrechen und uns reflexiv mit dem Sachverhalt auseinanderzusetzen, um einen anderen Weg zu gehen als denjenigen, der uns innerlich vorgeschlagen wurde. Es geht also nicht um ein absichtsvolles „Nicht gerne verändern", sondern um eine neurobiologische Komponente, wie unser Gehirn arbeitet.

Der von John Kotter in seinen acht Erfolgsfaktoren proklamierte „sense of urgency" geht allerdings genau davon aus, dass wir uns willentlich nicht gerne verändern. Ohne Zweifel hat der renommierte Harvard-Professor in seinen Forschungsarbeiten für das Wirtschaftsumfeld prominent herausgearbeitet, dass es ein *Wofür* für Veränderung in Organisationen braucht. Er reihte dieses *Wofür* in sein Modell der Acht Erfolgsfaktoren ein (endlich gab es ein erfahrungsgestütztes und evidenzbasiertes Modell für Change Management!) und nannte es „sense of urgency". Seine Kernaussage: Selbstgefälligkeit von Führungskräften und Mitarbeitern ist einer der größten Hemmschuhe für Wandel. Es gilt also, die Selbstzufriedenheit und Trägheit in einer Organisation zu überwinden. Das geht nur über den „sense of urgency". Selbstgefälligkeit beschreibt er als eine Art Persönlichkeitseigenschaft, die naturgegeben zu sein scheint. Und deswegen müssen Menschen aufgerüttelt und in Schrecken versetzt werden, damit sie diese Selbstgefälligkeit überwinden.

Dieses Prinzip hat sich in der Praxis derart etabliert, dass häufig problemorientiert und katastrophisierend kommuniziert wird, um die „Hürde der Selbstgefälligkeit" zu überwinden. Wenn alle nur richtig Angst bekommen, verändern sie sich, so lautet der Case. Das führt bedauerlicherweise dazu, dass den Veränderungsprozessen langwierige und ausführliche problem- und defizitbeschreibende Analysen vorausgehen. Im Mittelpunkt der Kommunikation stehen das (vermeintliche) Problem oder die Krise und die Inkompetenz der Organisation, damit umzugehen. Kotters Annahme, dass die Vermittlung von Dringlichkeit die Veränderungsbereitschaft der Mitarbeiter erhöht, ist empirisch nicht belegt. Neurobiologisch lösen Katastrophen und Defizitorientierung Bedrohungserleben aus. Das ist die schlechteste Basis für funktionale Veränderung und ein Out-of-the-Box-Denken. Denn im Angstmodus greifen wir mehr denn je auf alte Muster zurück und machen garantiert nichts Neues.

Aus der hypnosystemischen und damit radikal-konstruktivistischen Perspektive ist der Gedanke, dass es dringlich sein muss, damit Menschen sich verändern, eine linear-kausale Annahme, die an die triviale Maschine erinnert. Menschen sind aber keine trivialen Maschinen. Wenn der Sense of urgency zu einer Veränderung führen würde, hätten wir kein Klimaproblem, keine stetig steigenden Krankheits- und Burn-Out-Raten, keinen Pflegenotstand und auch viele andere Nöte nicht. Wir sind umgeben von Problemen, die dringend gelöst werden müssen. Und dennoch ändern viele Menschen ihr Verhalten nicht. In den meisten Fällen fehlt eine positive Vision für die Veränderung. Nicht zuletzt gab es eine Reihe von erfolgreichen und renommierten Unternehmen, wie zum Beispiel Kodak, die nicht mehr existieren, weil sie angstbasiert agiert haben. Das Unternehmen Kodak hat die Digitalkamera entwickelt, aber diese Disruption aus Angst, sein auf der analogen Fotografie basierendes Geschäftsmodell könnte durch diese Technologie in Gefahr geraten, in der Schublade versenkt. An dringlichen Hinweisen hat es nicht gemangelt, dafür aber an einer attraktiven und positiven Vorstellung einer neuen Strategie für Kodak im digitalen Zeitalter.

Ada und die weise Ameise kommen also zu Recht zu dem Schluss, dass eine positive Vision von etwas Neuem oftmals stärker wirkt als eine kritische Dringlichkeit. Kodak hat die eigene Vision, die Fotografie zu revolutionieren, gefehlt. Sie handelten aus Angst.

Nun müssen wir uns kritisch fragen, warum dann viele Werte- und Leitbildprozesse nicht funktionieren, obwohl sie eine positive Vision in den Mittelpunkt stellen? Hier kommt die Ambivalenz von Organisationen ins Spiel. Leitbild- und Werteprozesse sind die Kür aller Veränderungsprozesse – sie greifen umfänglich, und verändern Organisationen grundlegend. Theoretisch. Genau diese grundlegende Veränderungstiefe ist ambivalent, weil bestimmte Verhaltensweisen im Management und der Belegschaft dann schlichtweg nicht mehr tragbar wären. Wer kennt ihn nicht, den erfolgreichen Managertypus (m/w/d), der autokratisch und hierarchisch führt, in dessen Teams ein Klima von Unsicherheit herrscht und der (dennoch) sehr erfolgreich ist. Dieser Erfolg basiert allerdings auf der Mischung „hoher Anspruch" gepaart mit niedrigem psychologischem Sicherheitsempfinden (später mehr dazu im Modell von Amy Edmondson). Innovationen und Kreativität geschweige denn Lernen wird es in diesem Klima nicht geben. Und damit fehlen die elementaren Grundlagen für ein erfolgreiches Navigieren in Komplexität und Unsicherheit.

Dass insbesondere wertegetragene Veränderungen der Wertschöpfung, wie New Work, in Organisationen ambivalent sind und es zu Zielkollisionen kommt, ist aus oben genannten Gründen wohl kaum zu vermeiden. Also versuchen Organisationen beides nebeneinander. Menschen liegt das Loslassen des Alten eh nicht so. Der Wirtschaftsnobelpreisträger Daniel Kahnemann nennt das Verlustaversion.

Das Prinzip „Neues im Alten" zeigt daher, dass auch Organisationen verlustaversive Muster haben. Der mechanistische Kontrollverlust, den dezentrale Verantwortung mit sich bringt, ließe sich nur durch Vertrauenszuwachs kompensieren. Da Vertrauen Mangelware ist, werden agile Prozesse, agile Führungsseminare etc. und ein bisschen mehr Einbindung und Eigenverantwortung eingeführt, so wie es auch die Führungsameise Jim vorschlägt. Uns fehlt die Vorstellungskraft dafür, wie es mit und durch Vertrauen gelingen kann, eine vergleichbare innere Stabilität und Sicherheit herzustellen, wie alte mechanistische Kontrollmechanismen es (oberflächlich) vermochten. Und das ist eine Frage der Persönlichkeitsentwicklung. Solange im Management „Vertrauen ist gut, Kontrolle ist besser" weiterhin als sicherer erscheint, wird das mit dem Vertrauen nichts.

Und so entstehen Prozesse, die schon von vornherein zum Scheitern verurteilt sind. Und da mittlerweile so ziemlich jede Organisation einen bis mehrere dieser Prozesse durchlaufen hat, haben die Beteiligten gelernt, dass die Bereitschaft „von oben", Dinge *grundsätzlich* zu verändern, zumeist sehr gering ausgeprägt ist. Dadurch haben viele den Glauben an Veränderung verloren und zucken zusammen, wenn sie nur das Wort Change hören.

Erkenntnis II
Wirksame Veränderung ist ein Akt autonomer Willensbildung.

Im hierarchischen Verständnis lässt sich Veränderung (vermeintlich) anweisen. Das Ganze wird in sogenannte Change-Management-Prozesse gekleidet, und Andersdenkende, kritisch Hinterfragende und Zweifler werden als Widerständler bezeichnet oder sogar bekämpft, und in manchen Unternehmen ist Letzteres leider wörtlich zu verstehen. Auch heute noch klingen die Überschriften vieler Fachveröffentlichungen martialisch, hier zwei Beispiele: „Wie Sie konsequent mit Widerstand umgehen sollten" oder „Führung braucht Druck an der richtigen Stelle". Völlig absurd wird das Ganze, wenn sich ein Unternehmen agilisieren möchte (was, wie wir gelernt haben, Persönlichkeitsentwicklung und Selbststeuerung voraussetzt) und die kritisch Hinterfragenden (also die, die tatsächlich schon angstfrei agieren und sich trauen, kritische Fragen zu stellen) dann mit hierarchischem Druck in die agile Veränderung getrieben werden.

Daran erkennen wir das Ambivalente an der Persönlichkeitsentwicklung im Unternehmenskontext. Einerseits braucht man die starken Persönlichkeiten, um die Herausforderungen der unsicheren Zukunft zu bewältigen, andererseits hat man es auf einmal mit Menschen zu tun, mit denen man sich ernsthaft auseinandersetzen muss. Die ganzen „Unternehmer im Unternehmen-Programme" der vergangenen zehn Jahre wollten Menschen formen, die Verantwortung übernehmen, aber bitte keine (unbequemen) Persönlichkeiten sind und Anweisungen weiterhin gehorsam umsetzen. Deswegen sind diese

Programme auch mit schöner Regelmäßigkeit gescheitert.

Aus hypnosystemischer Sicht gibt es übrigens gar keine Widerstände, sondern vielmehr Resonanzen, die für nicht artikulierte (Grund-)Bedürfnisse stehen. Wenn wir die Bedürfnispyramide von Maslow heranziehen (aktueller denn je aus unserer Sicht), dann geht es in den unteren Balken des Modells um grundlegende Bedürfnisse (physische Grundversorgung, persönliche Sicherheit und soziale Beziehungen), deren Fehlen als Mangel erlebt wird. Dieser Mangel verhindert, dass wir unseren Wachstumsbedürfnissen (die oberen Balken des Modells) nachgehen (Eigenverantwortung, Zielstrebigkeit, Verantwortungsübernahme etc.).

Daher sollte man gegen (vermeintliche) Widerstände nicht kämpfen, sondern sich bemühen, diese analytisch als Hinweise zu verstehen, was im unteren Teil der Bedürfnispyramide noch fehlt, um die Wachstumsbedürfnisse zu aktivieren. So betrachtet sind diese Resonanzen Teil der kollektiven Intelligenz, auf die ein Unternehmen nicht verzichten sollte. Auf der Basis dieses Verständnisses kann ein für die Sache zielführender Dialog über den Sinn der Veränderung stattfinden.

In vielen Jahren der Veränderungsbegleitung fällt uns immer wieder auf, dass der größte Teil der Kommunikation über das Veränderungsvorhaben auf informatorischer und nicht auf dialogischer Basis erfolgt – wohl aus Sorge, dass zu viele „Widerstände" (also „kritische Fragen", Anm. d. Verf.) aufkommen könnten.

Wer zu Beginn der Zielfindung für den Veränderungsprozess die kritische Auseinandersetzung mit autonom handelnden Menschen (bewusst oder unbewusst) vermeidet, sollte sich nicht darüber wundern, wenn der Change scheitert. Für diese Vorhersage braucht es keine Kristallkugel.

Erkenntnis III
Es gibt kein Neues im Alten – halbherzige Versuche führen zu Frustration und Demotivation.

Ernst Weichselbaum bezieht den Grundsatz „Kein Neues im Alten" konsequenterweise auch auf Sprache und Kommunikation: „Aus der Sicht des Bisherigen ist das Neue immer falsch. Im alten Denkrahmen ist nicht wirklich Neues möglich. Neues ist daran erkennbar, dass es zur Beschreibung des Neuen neuer Begriffe bedarf und dass es zu nachhaltigen Konstanten-Verschiebungen kommt; Konstanten im Fühlen, Denken und Handeln." Wir beobachten in vielen Organisationen den Versuch, „New Work" oder agiles, dezentrales Arbeiten (um nur zwei Initiativen zu nennen) einzuführen, ohne den alten Denk- geschweige denn Kommunikationsrahmen zu verlassen. Die Frustration bei den Akteuren ist groß, und das führt zu einer Abwertung der Modelle (irgendetwas oder irgendwer muss ja Schuld sein). Das eigentlich Tragische ist jedoch, dass die Chance verpasst wird, durch New Work und neue Organisationsdesigns die Wertschöpfung der Organisation und damit die Wettbewerbsfähigkeit sprunghaft zu verbessern.

Erkenntnis IV
New Work muss *für alle Menschen im Unternehmen* eine Perspektive bieten.

Wenn wir die Perspektive von Führungskräften und Management einnehmen, dann ist es nicht gänzlich unverständlich, dass von dort aus kritisch auf New Work geblickt wird. Wo bleibt die Vision für ihre Rolle? Führungsameise Tim stresst die für ihn verlustgeprägte Perspektive auf New Work. In seinem Verständnis bekommt er alles weggenommen, was seine Rolle ausgemacht und was er sich hart erarbeitet hat. Da ist es doch irgendwie verständlich, dass es kein lautes Hurra gibt, oder?
Aus hypnosystemischer Sicht braucht es ein attraktives Zielbild für eine autonome Veränderung und ein kompetentes Ambivalenzmanagement (Umgang mit inneren Zielkonflikten). Das muss bedacht werden, wenn wir Organisationen im Kontext von New Work, dezentraler Verantwortung und Agilität neu denken, weil es in diesem umfassenden Strukturwandel keine Gewinner- und Verlierer-Logik geben sollte. Die neuen Rollen für Management und Führung müssen ausformuliert und diskutiert werden. Und zwar immer in Beziehung zum gesetzten Unternehmensziel und nicht aus moralischer („Management ist böse"-Ansatz) oder loyaler Perspektive („Loyalitäts"-Ansatz, der zu einer Kompensation der Verluste führt). Wenn für Organisationen „Es gibt kein Neues im Alten" gilt, dann gilt dies gleichermaßen in der Mikroperspektive für den einzelnen Menschen. Am Beispiel Vertrauen wird es deutlich. Wenn ich bislang angst- und kontrollgesteuert agiert habe, dann reicht die (kog-

nitive) Neudefinition meiner Rolle nicht aus, das neue Verhalten – nämlich vertrauen zu können – in meiner „alten" inneren Struktur (meiner Sozialisation) zu verankern. Für den Wechsel von Kontrolle zu Vertrauen braucht es eine spezifische Kompetenz- und Persönlichkeitsentwicklung, die in meinem inneren System neue Handlungsmöglichkeiten entstehen lässt.

Warum ist das so schwer mit dem Vertrauen, obwohl es auch im Unternehmenskontext eigentlich schon ein alter Hut ist und alle wissen, welch wichtige Rolle Vertrauen spielt? (Reinhard Sprenger reklamiert das seit Jahrzehnten.)

Man muss nicht „auf die Couch", um zu erahnen, dass sich hier biografische Elemente finden werden, gerade in der Kriegsenkelgeneration X, die im Industriezeitalter sozialisiert ist und derzeit die Management- und Führungsetagen besetzt. Viele der Menschen dieser Generation unterliegen dem Irrtum, dass man ab einem gewissen Lebensalter „so sei" und „dass man zu alt sei, um sich jetzt noch ändern zu können". Ist der Zug damit wirklich abgefahren?

Aus der hypnosystemischen Perspektive determiniert die Vergangenheit nicht die Zukunft, so dass wir theoretisch alle in der Lage wären, auch biografisch schwierige Elemente für uns und unsere Zukunft neu zu definieren. Wir haben lediglich eine Art inneren Filter, der erfahrungsgeprägt ist, und uns davon abhält, bestimmte Dinge zu tun, damit keine Wiederholung schmerzlich erlebter Situationen eintritt. Menschen, die viele Enttäuschungen erlebt haben, können zumindest nicht auf Knopfdruck Vertrauen entgegenbringen. Intuitiv neigen sie zur Kontrolle. Das bedeutet aber nicht, dass sie es nicht *können*; vielmehr aktiviert sich der innere Filter, der sie davon abhält. Die Motivationspsychologin Carol Dweck nennt das Fixed Mindset – das Gegenteil eines Growth Mindset, den wir brauchen, um uns weiterzuentwickeln.

Vertrauen kann man lernen. Und zwar ziemlich gut – allerdings nicht in den klassischen, von den Unternehmen zumeist angebotenen Personalentwicklungsformaten. Über dialogische und (hypno-) systemische Arbeit wiederum können Menschen einen Growth Mindset entwickeln und zu einer kompetenten Selbstführung (inkl. Selbstfürsorge) gelangen, die die Basis für Vertrauen in sich und andere ist. Damit reift man als Persönlichkeit nach. Und reife Persönlichkeiten steuern von Haus aus nicht über Angst und Kontrolle, sie benötigen keine hierarchische Macht, um Selbstwert weiterzuentwickeln, und sie gehen wertschätzend mit sich selbst und anderen Menschen um.

Fazit: Die gut gemeinten Initiativen vieler HR-Bereiche, agile Führungstrainings aufzusetzen, sind ein Versuch, neue und für New Work unerlässliche Kompetenzen – wie eben vertrauen zu können – in alten (inneren) Sozialisationen zu verankern. Das greift zu kurz.

Erkenntnis V
Ohne Selbstbestimmung kein New Work

Im Zeitalter der Digitalisierung avanciert der Mensch paradoxerweise zu einem elementaren Bestandteil von Wertschöpfung. Überall dort, wo er nicht durch Digitalisierung ersetzt werden kann, ist sein Handeln von hoher Relevanz für die Qualität der Wertschöpfung. Im Industriezeitalter war das anders. Die vergeblichen Versuche der Humanisierung der Unternehmenssteuerung haben sich nur deswegen nicht durchgesetzt, weil Menschen aufgrund stabiler Geschäftsmodelle sowie hoher Effizienz- und Prozessstandards an vielen Stellen ohne Probleme ersetzbar waren. Im Wissenszeitalter kommt es aber auf menschliche Innovation und Kreativität an. Der Kunde erwartet individualisierte, kontextspezifische und dynamische Wertschöpfung. Das führt dazu, dass der Fokus der Innenzentrierung (Steuerung und System) wechseln muss auf optimale Wertschöpfungsbedingungen für Menschen, damit sie ihr Bestes für die Kunden leisten können. Das wiederum setzt eine dezentrale Organisationslogik voraus, in der Verantwortung getragen werden *darf*. Und das Dürfen muss man können, sprich selbstbestimmt agieren. Damit sind wir schon sehr nah an New Work. Ada hat gelernt, dass New Work und Agilität nur dann funktionieren, wenn die Ameisen sich in ihren Persönlichkeiten entwickeln und einen Growth Mindset haben. Das ist bei Menschen nicht anders. Künftige, zu Beginn von Veränderungsprozessen durchgeführte Statusanalysen würde man daher nicht auf die Frage „Wie werden wir agil?" fokussieren, sondern vielmehr mit der Perspektive „Reicht unsere Persönlichkeit aus, um das neue System zu leben?".

Erkenntnis VI
New Work ist nicht das Ziel, sondern die durch New Work gewonnenen Vorteile für das Unternehmen sind es.

Entgegen der oft von KritikerInnen verbreiteten Annahme, dass Neues Arbeiten einzig auf Bedürfnisbefriedigung und Spaß abzielt, zahlen dezentrale Organisationsdesigns und Grundsätze des Neuen Arbeitens maximal auf eine zukunftsorientierte Wertschöpfung in komplexen Kontexten ein. Es gibt mittlerweile hinreichend Belege dafür.

Dass heutzutage Wertschöpfung viel komplexer geworden ist – darin sind sich alle einig. Interessanterweise trennt sich in der Konsequenz dieses Umstandes die Spreu vom Weizen. Die einen reagieren auf diesen relevanten Umstand und dezentralisieren konsequent, um wettbewerbsfähig zu bleiben – und die anderen halten an bisherigen Strukturen fest (oder verdichten sie sogar noch) und führen „New Work im Minirock" (zitiert nach Frithjof Bergmann) und agile Prozesse ein.

Für Unternehmen ist es Zeit, sich zu entscheiden, denn das Hin- und Herpendeln zwischen den Welten kostet alle Beteiligten extrem viel Energie und führt zu Frustration.

Erkenntnis VII
Jedes Unternehmen ist anders und braucht *sein eigenes New Work.*

Neues Arbeiten ist kontextspezifisch, da es an die Wertschöpfung selbst gekoppelt ist (keine Initiative, sondern neu definierte Wertschöpfung!). Die neuen Modelle müssen daher kontextualisiert werden. Erst nach diesem Schritt können sie nachhaltig das „Alte Arbeiten" ersetzen. Das erschreckt viele Unternehmen, die sich ein Standardtool wünschen oder gar einen Werkzeugkasten (das vermittelt Sicherheit). Der immanente Wunsch nach Komplexitätsreduktion ist nachvollziehbar, führt aber schnell an Implementierungsgrenzen. Es ist schlichtweg nicht möglich, ein und dasselbe Modell in unterschiedlichen Branchen ohne Adaption einzuführen. Daher Obacht vor Patentlösungen! Abgesehen davon ist das cross-hierarchische Ausdefinieren der unternehmenseigenen Lösung bereits Teil des Weges und damit effizienter, als wenn sich das Management (extern beraten) etwas ausdenkt, HR es dann umsetzen soll und man anschließend mit Bottom-Up-Workshops beginnt, in denen auf Moderationskarten eine Million Dinge festgehalten werden, die zuverlässig im Bermuda-Dreieck der Workshop-Ergebnisse verschwinden.

Erkenntnis VIII
Nur *dezentral* organisierte Unternehmen sind agile Unternehmen.

Agilität kommt maßgeblich aus der Softwareentwicklung (wobei ihre Wurzeln schon deutlich älter sind) und zielt auf die agile Gestaltung von Projektorganisationen ab. Das agile Arbeiten kann dort unmittelbar am Wertstrom ansetzen.
Wenn hierarchische Organisationen, die *nicht* aus der Software-Entwicklung stammen, nun agile Prozesse in ihre hierarchische Struktur einbetten wollen, ist das doppelt aussichtslos. Denn sie haben (wenn es gut läuft) zwar agile Prozesse, aber keine agil handelnden Menschen (da die Hierarchie weiterhin das Verhalten formt). Sie haben ebenfalls keine agile Organisation, denn die agilen Methoden können in der Hierarchie *nicht an die Wertströme andocken*, und es entsteht ein Paralleluniversum. Es ist vorauszusehen, dass ein solcher Prozess nicht erfolgreich ist. Und weil das schon so oft danebengegangen ist, hat sich mittlerweile auch schon eine Standarderklärung für das Scheitern etabliert: Den Leuten fehlt eben das agile Mindset. Alle nicken und denken: Na klar ...
Diese Problem-Attribution (die es in Bezug auf das Scheitern bisheriger neuer Initiativen schon so lange gibt, wie es scheiternde Change-Prozesse gibt) verhindert, dass man des Pudels Kern findet: dass man nämlich zu kurz gesprungen ist, dass derartige Transformationen umfänglich sind und alle Bereiche von Organisationen berühren. Und dass es bedeutet, Wechselwirkung zu akzeptieren und einen kompetenten Umgang mit Komplexität zu finden, und

man eben keine Kontrolle über sich transformierende Systeme ausüben kann. Das alles geht über das Thema Mindset maximal hinaus. Und wenn man schlussendlich, nach all der Selbstbeschäftigung, schließlich noch auf den Kunden schaut, dann wird ziemlich schnell klar, was dieser gern möchte: Er will auf verantwortlich handelnde Menschen treffen, die, ausgestattet mit entsprechender (Selbst-)Verantwortung, schnell seine Probleme lösen oder seine Bedürfnisse bedienen können. An einer Hierarchie, die diese Prozesse verlangsamt und kreative Lösungsfindung erschwert, hat er mit Sicherheit kein Interesse. Die Verantwortung gehört also in die Peripherie.

Eine kurze Anmerkung noch zu Zielvereinbarungssystemen. In dezentral organisierten Organisationen haben transaktionale Methoden wie Boni auslösende Individualzielvereinbarungen nichts mehr zu suchen. Sie fördern nur Egoismen und Silos und überlagern sämtliche Bemühungen um Agilisierung mit Leichtigkeit. Wir empfehlen daher dringend, alle kontraindizierenden (individuellen) Zielvereinbarungssysteme abzuschaffen, die immer noch auf dem Gedanken basieren, dass a) Menschen nicht freiwillig und intrinsisch motiviert Verantwortung übernehmen, sondern nur, wenn sie etwas dafür bekommen, und dass es b) die Einzelleistung ist, die das Ergebnis trägt.

Wenn nun reflexhaft die Sorge auftritt, dass man dann am Markt nicht mehr die Besten bekommt, weil man ihnen keine großen Boni in Aussicht stellt, sollte man stutzig werden und sich fragen, ob diese Personen, die nur unter der Voraussetzung einer hohen variablen Vergütung kommen, wirklich diejenige Persönlichkeit besitzen, die es für Neues Arbeiten braucht.

Erkenntnis IX
Um agil zu agieren, müssen Menschen sich (miteinander) *sicher* fühlen.

Dort, wo Menschen sich sicher fühlen, weil sie wissen, dass sie nicht abgewertet werden, wenn sie Fragen stellen, Ideen äußern oder Fehler machen, steigt die Innovationsrate als Folge eines verstärkten Ausprobierens, und die Beteiligten sind bereit, mehr Verantwortung zu übernehmen. Es entsteht Raum für intrinsische Motivation und Lernen. Amy Edmondson von der Harvard Business School hat anhand von jahrzehntelanger Forschung rund um Teamarbeit ihr Konzept der psychologischen Sicherheit entwickelt. Sie wies in vielen Studien nach, dass sich in einem Klima der Sicherheit die Lernkurve stark nach oben entwickelt und Fehler (auch als Ergebnis des Ausprobierens) zugegeben werden.
Sie fand ebenso heraus, dass psychologische Sicherheit kein Merkmal von Menschen oder bilateralen Beziehungen ist, sondern vielmehr auf Teamebene anzusiedeln ist. Das Scheitern der vielen Fehlerkultur-Initiativen, das in vielen Organisationen zu beobachten ist, lässt sich vor dem Hintergrund des Konzepts von Amy Edmondson nachvollziehen. Das Thema ist viel grundsätzlicher zu betrachten. Dort, wo Menschen in alltäglichen Situationen bloßgestellt werden oder dies zugelassen wird, wo kritische Fragen abgewertet werden und man übereinander schlecht spricht, braucht es gar keine Fehlersituation, damit Menschen lernen, ob sie sich gefahrlos öffnen dürfen oder nicht. Sie werden es nicht tun. Da helfen auch die Fuckup-Nights nicht, wenn das alltägliche Verhalten nicht Verände-

rung erfährt.

So ist es auch Ada ergangen. Als sie sich kritisch äußerte und dies abgetan wurde, lernten alle anderen, dass es psychologisch nicht sicher ist, sich zu äußern. Also taten sie es nicht.

Eine tiefergehende Beschäftigung mit diesem wertvollen Konzept von Amy Edmondson können wir hier leider nicht leisten, aber wir legen es allen, die sich mit Veränderung beschäftigen, ans Herz.

Erkenntnis X
Verantwortung lässt Menschen wachsen.

Dazu sollte man im Jahr 2021 eigentlich nichts mehr schreiben müssen, weil es ein alter Hut ist. Menschen wollen von Natur aus selbstwirksam sein. Das ist ein Grundbedürfnis, das Abraham Maslow schon in den 1970er-Jahren in seiner Bedürfnispyramide beschrieb. Er spricht von Wachstumsbedürfnissen (nicht zu verwechseln mit Karriereleitern!), die er als Bedürfnis zur Selbstverwirklichung definiert und die mit dem Wunsch nach Weiterentwicklung des eigenen Selbst einhergehen.

Übertragen auf die aktuelle Herausforderung der Agilisierung von Unternehmen, können wir die Maslow'sche Pyramide quasi als diagnostisches Instrument nutzen. Wenn alle basalen Bedürfnisse in der Organisation befriedigt sind (auch psychologische Sicherheit gehört dazu!), stellt sich automatisch ein Wachstumsbedürfnis ein. Und dann startet ein sich selbst verstärkender Prozess: Gerade diejenigen Aufgaben, für die wir ein Stück über uns hinauswachsen müssen

(Flow-Zustand), bescheren uns einen Zuwachs an Ressourcen und positiven inneren Bildern, wenn wir die Herausforderung bewältigt haben. Das wiederum führt dazu, dass man sich mehr zutraut und die positiven Bilder werden verstärkt. Und so wächst man im wahrsten Sinne des Wortes an seinen Aufgaben, das Selbstwirksamkeitserleben wird gestärkt. Das wiederum haben wir im Gepäck, wenn eine neue Herausforderung auf uns zukommt und wir unsere innere „Schaffe ich das?"-Abfrage machen. Diese stößt, je selbstwirksamer man sich erlebt und je mehr positive Bilder man dementsprechend gesammelt hat, auf eine umso positivere innere Antwort (Growth Mindset). Auch wenn das ein oder andere nicht gelingt, es aber innerlich gut verarbeitet wird, stärkt sich unsere Resilienz, so dass wir mit künftigen Fehlschlägen besser umgehen können.

Das beste Personalentwicklungsprogramm der Welt basiert also auf einem einfachen Prinzip: Menschen ausprobieren lassen und ihnen Rückendeckung geben. Dadurch wachsen sie und entwickeln sich quasi automatisch. Das Prinzip der Verantwortung im agilen Arbeiten ist daher untrennbar mit dem Konzept der psychologischen Sicherheit und der Persönlichkeitsentwicklung aller am System Beteiligten verbunden.

Selbstverantwortung verhält sich allerdings diametral zu den in Unternehmen etablierten Kontrollmechanismen und dem nach wie vor fehlenden förderlichen Umgang mit Fehlern. Deswegen wird nichts Neues gemacht, nichts ausprobiert, und man geht in ein Fehlervermeidungsverhalten, obwohl sich alle krampfhaft bemühen, eine Fehlerkultur zu entwickeln. Normgerechtes Verhalten führt nicht zur Weiterentwicklung (weder der Menschen noch der Organisation); das ist wahrscheinlich der höchste Preis, den die im Industriezeitalter etablierten Kontrollmechanismen in den Unternehmen gefordert haben.

Und die vielleicht wichtigste Erkenntnis von Ada:
Nicht aufgeben!

Das führt uns auch schon zum Titel dieser kleinen Fabel. Man muss die Musik von Udo Jürgens nicht mögen. Unser Buchtitel ist – wie ihr wahrscheinlich sofort erkannt habt – eine Anlehnung an seinen prominenten Liedtext „Ich war noch niemals in New York". Seine musikalische Kritik am Establishment. Udo Jürgens gewann mit 17 einen Komponistenwettbewerb und war fortan nicht mehr für einen normalbürgerlichen Lebensweg zu gewinnen. Zu seinem großbürgerlich lebenden Vater, der für seinen Sohn eine klassische Bankerkarriere geplant hatte, sagte der damalige Teenager: „Ich werde mit meinem Beruf auf- oder untergehen, das ist auf jeden Fall besser, als in einer Bank zu arbeiten." Udo Jürgens trat als Unterhaltungsmusiker überall auf, wo man ihn singen ließ. Über zehn Jahre blieb der Erfolg aus. Doch er gab nicht auf und legte sich mit seinen kritischen Texten über die Aufrüstung Deutschlands, die Verhütungspolitik der katholischen Kirche und die Behandlung sogenannter Gastarbeiter mit vielen einflussreichen Institutionen und Menschen an. Er ließ kaum ein kritisches Thema aus. Als er mit 80 Jahren starb, war er ein international erfolgreicher Künstler. Er hat einfach nie aufgegeben.

In eigener Sache

Die Beraterzunft kommt in dieser Fabel nicht besonders gut weg. Das ist eine undifferenzierte, der Geschichte aber dienliche Übertreibung (obwohl manch einem das Verhalten und die Sprache von Ben und Jerry nicht ganz unbekannt sein dürfte). Viele gute BeraterInnen begleiten Unternehmen darin, ihren Weg ins Neue Arbeiten zu finden. Was uns Sorge bereiten sollte, ist die Verrohung (auch) unserer Diskussionskultur. Die macht sich nämlich leider auch im Kontext von Neuem Arbeiten breit. Dabei ist gerade für eine paradigmatische Entwicklung des Neuen Arbeitens ein breiter und lebendiger Diskurs auf Augenhöhe unabdinglich. Vorwiegend BeraterInnen werten wechselseitig ihre jeweiligen Ansätze ab und das sehr gern möglichst öffentlichkeitswirksam in den einschlägigen digitalen Business-Netzwerken. Statt konstruktiver Kritik sind Vokabeln wie „schwachsinnig" oder „totaler Unsinn" zu lesen. Das fördert mit Sicherheit nicht den Willen von kritischen und veränderungswilligen UnternehmerInnen, sich mit unseren Ansätzen zu befassen, geschweige denn, uns zu vertrauen. Abwertung ist ein in jeder Hinsicht untaugliches Mittel, um Veränderung voranzutreiben. Wir sollten zu sachlicher Kritik zurückfinden (auch eine Kompetenz der reifen Persönlichkeit). Letztendlich sind alle Beratungsansätze hypothesenbasiert, und wir alle wissen erst in der Nachbetrachtung, ob unsere Hypothesen wirklich zutreffend waren. Ein interdisziplinärer Diskurs hat mit Sicherheit noch keiner Sache geschadet.

Zitate

Wir haben einige Zitate in abgewandelter Form verarbeitet, deren originale Darstellung und Quellenbezeichnung selbstverständlich ist.

Wir starten mit Helmut Schmidts berühmtem Zitat *„Wer Visionen hat, sollte zum Arzt gehen"*. Wir finden, dass Visionen dazu da sind, umgesetzt zu werden.

„Es gibt kein richtiges Leben im falschen." Theodor W. Adorno in seiner Minima Moralia. Kein Zitat hat aus unserer Sicht so eine tragende Relevanz für die Veränderung der Arbeitswelt. Bleibt es in Haltung, Struktur, Führungs- und Arbeitsweisen beim Alten, haben neue Initiativen wenige bis keine Chancen.

Adorno bekräftigt mit seinem oben genannten Ausspruch die Differenz von richtig und falsch und die Wichtigkeit, sich den Sinn für das Richtige nicht nehmen zu lassen (nach Martin Seel). Auch das haben wir verarbeitet. Denn wir sollten uns den Sinn für das Richtige wirklich nicht nehmen lassen, sondern gehörig darüber streiten und sorgsam abwägen, was das Richtige sein könnte. Und dabei nicht aufgeben.

Der weisen Ameise haben wir ein Zitat von Steve Jobs in den Mund gelegt. Hier das tolle Original: *„Ihre Zeit ist begrenzt, also verschwenden Sie sie nicht damit, das Leben eines anderen zu leben. Lassen Sie sich nicht von Dogmen in die Falle locken. Lassen Sie nicht zu, dass die Meinungen* *anderer Ihre innere Stimme ersticken. Am wichtigsten ist es, dass Sie den Mut haben, Ihrem Herzen und Ihrer Intuition zu folgen. Alles andere ist nebensächlich."*

Josefine ist sich in unserer Geschichte sicher: „*Sprache schafft Realität*". Das Original lautet „*Sprache schafft Wirklichkeit*". Hier wird gestritten, ob es nun Ludwig Wittgenstein zuzuordnen ist oder einem seiner Interpretatoren. Von wem auch immer dieses Zitat stammt: Es trifft zu.

Das berühmte „*Wirklich, wirklich wollen*" erkennt jeder sofort, der sich ernsthaft mit New Work auseinandersetzt. Es stammt vom Urvater und Vordenker von New Work, von Frithjof Bergmann. Er schreibt: „*Die Frage ‚Was ist es, was du wirklich, wirklich willst?' wird kaum gestellt. Im Gegenteil, man wird von allen von Anfang an darauf eingerichtet, dass man nicht fragt, was man wirklich, wirklich will.*"

Literaturverzeichnis

Zunächst zu den verwendeten Modellen:
Über das *New Work Humanfy*-Modell erfahrt ihr mehr unter www.humanfy.com und in den Büchern der Literaturliste. Weitere Informationen zum *BetaCodex* Modell gibt es auf www.betacodex.org. Die nachfolgenden Bücher sind auf unterschiedliche Weise in die Fabel eingeflossen und empfehlenswert. Die Auflistung ist nicht abschließend.

Bergmann, Frithjof (2005): Die Freiheit leben. Arbor Verlag

Bergmann, Frithjof (2017): Neue Arbeit, neue Kultur. Arbor Verlag

Bergmann, Frithjof, Stella Friedland (2020): Neue Arbeit kompakt. Visionen einer selbstbestimmten Gesellschaft. Arbor Verlag

Bregman, Rutger (2021): Im Grunde gut. Eine neue Geschichte der Menschheit. Rowohlt Verlag

Breidenbach, Joana, Rollow, Bettina (2019): New Work needs Inner Work. Vahlen. 2. Auflage

Bauer, Joachim (2015): Selbststeuerung. Die Wiederentdeckung des freien Willens. Blessing. 2. Auflage

Eckstein, Jutta, Buck, John (2020): Unternehmensweite Agilität. Wie

Sie Ihr Unternehmen mit den Werten und Prinzipien von Beyond Budgeting, Open Space, Soziokratie und Agilität fit für die Zukunft machen. Vahlen

Edmondson, Amy C. (2020): Die angstfreie Organisation. Wie Sie psychologische Sicherheit am Arbeitsplatz für mehr Entwicklung, Lernen und Innovation schaffen. Vahlen

Harvard Business Manager (4/2017): Agiles Management. Was Sie über die neue Art der Unternehmensführung wissen müssen

Harvard Business Manager Spezial (2021): Die Kraft des Wir. Zusammenarbeit: Wie Teams gemeinsam Großes schaffen

Harvard Business Manager (Oktober 2020): Beweg Dich! Agile Führung: So finden Sie den Weg, der zu Ihnen passt

Hüther, Gerald (2008): Die Macht der inneren Bilder. Wie Visionen das Gehirn, den Menschen und die Welt verändern. Vandenhoeck & Ruprecht. 4. Auflage

Hüther, Gerald (2014): Biologie der Angst. Wie aus Stress Gefühle werden. Vandenhoeck & Ruprecht

Kruse, Peter (2004): next practice. Erfolgreiches Management von Instabilität. Gabal. 5. Auflage

Laloux, Frederic (2017): Reinventing Organizations. Ein illustrierter Leitfaden sinnstiftender Formen der Zusammenarbeit. Vahlen

Leopold, Klaus (2018): Agilität neu denken. Warum agile Teams nichts mit Business-Agilität zu tun haben. LEANability Press

Maehrlein, Katharina (2020): Wie Agilität gelingt. Ein agiles Mindset entwickeln – typische Hürden meistern. Gabal

Malik, Fredmund (2009): Systemisches Management, Evolution, Selbstorganisation. Grundprobleme, Funktionsmechanismen und Lösungsansätze für komplexe Systeme. Haupt Verlag

Malik, Fredmund (2013): Strategy. Navigieren in der Komplexität der neuen Welt. Campus Verlag. 2. Auflage

Minnaar, Joost, de Morree, Pim (2020): Corporate Rebels: Wie Pioniere die Arbeitswelt revolutionieren. Corporate Rebels Nederland B.V.

Pinnow, Daniel F. (2011): Unternehmensorganisation der Zukunft. Erfolgreich durch systemische Führung. Campus Verlag

Pfläging, Niels (2014): Organisation für Komplexität: Wie Arbeit wieder lebendig wird – und Höchstleistung entsteht. Redline Wirtschaft

Pfläging, Niels, Hermann, Silke (2019): OpenSpace Beta: Das Handbuch für organisationale Transformation in nur 90 Tagen. Vahlen

Pfläging, Niels, Hermann, Silke (2020): Zellstrukturdesign: Eine neue Sozialtechnologie, die unternehmerischer Wertschöpfung Flügel verleiht. Vahlen

Roth, Gerhard (1996): Das Gehirn und seine Wirklichkeit: Kognitive Neurobiologie und ihre philosophischen Konsequenzen. Suhrkamp

Schermuly, Carsten C. (2016): New Work. Gute Arbeit gestalten. Psychologisches Empowerment von Mitarbeitern. Haufe

Schmidt, Gunther (2016): Einführung in die hypnosystemische Therapie und Beratung. Carl Auer Verlag. 7. Auflage

Starker, Vera, Peschke, Tilman (2017): Hypnosystemische Perspektiven im Change Management. Veränderung steuern in einer volatilen, komplexen Welt. Springer Gabler

Starker, Vera (2019): Most Wanted: Chef der Zukunft m/w/d. Über den Wandel der Chef-Rolle in einer digitalisierten Welt. Rossberg Verlag

Starker, Vera, Schneider, Matthias (2020): Endlich wieder konzentriert arbeiten! Wertschöpfung im digitalen Zeitalter wirklich, wirklich neu denken. Ein New Work-Book für Unternehmen. Rossberg Verlag

Väth, Markus (2016): Arbeit. Die schönste Nebensache der Welt. Wie New Work unsere Arbeitswelt revolutioniert. Gabal

Väth, Markus (2019): Beraterdämmerung: Wie Unternehmen sich selbst helfen können. Springer Gabler

Watzlawick, Paul, Beavin, Janet, (2007): Menschliche Kommunikation, 11. Auflage. Huber

Wallner, Dr. Heinz-Peter, Völkl, Kurt (2017): Fokus Self Leadership – Gesunde und wirkungsvolle Selbstführung in Zeiten hoher Komplexität. Edition Summerhill

Würzburger, Thomas (2019): Die Agilitätsfalle. Wie Sie in der digitalen Transformation stabil arbeiten und leben können. Vahlen

Zeuch, Andreas (2015): Alle Macht für Niemand. Aufbruch der Unternehmensdemokraten. Murmann

Stimmen zum Buch

The book by Vera Starker, titled „Ich war noch niemals in New Work", touched me deeply and gave me great deal of pleasure and delight. She has managed to capture, sometimes with a subtle humor, a great many of the central ideas of New Work, and to work these ideas into an attractive parable.

Frithjof Bergmann, PhD, Begründer der „New Work"-Bewegung

Eine wirkmächtige Erzählung, die uns am Beispiel eines schlichten Ameisenhaufens augenzwinkernd den Spiegel einer reformbedürftigen Arbeitswelt vorhält.

Markus Väth, Autor, Co-Founder Humanfy

Vera Starker gelingt es mit der Fabel „Ameise Ada", auf das Thema New Work in einer Tiefe nahe zu bringen, die berührt und Lust auf #MehrNewWork macht. Fokus auf positive Visionen anstatt auf die übliche Dringlichkeitsspirale; Perspektiven für alle gepaart mit dem starken Gefühl der Sicherheit für jeden; das stete Wachsen der eigenen Persönlichkeit mit und durch Verantwortung: Dies sind einfach zentrale Erfolgsfaktoren der heutigen Zeit und in und nach der Corona-Pandemie wichtiger denn je! A MUST READ Book in 2021!

Simone Bock, CIO BNP Paribas Personal Investors

Mut, Neugier, Leidenschaft – das verkörpert die sympathische Ameise Ada, in die man sich beim Lesen des Buchs sofort hineinfühlen kann. Veraltete Strukturen aufbrechen, sich kritisch hinterfragen und wieder den Blick auf das gesamte Ökosystem „Unternehmen <-> Außenwelt" gewinnen, in dem der Mensch und seine intrinsische Motivation im Mittelpunkt stehen, bereiten den Weg für NEW WORK – wenn man nur wirklich, wirklich will! Vera Starker beschreibt diesen Weg sensationell empathisch, unmittelbar einleuchtend und ist mit ihrem Wirken eine Bereicherung für die Arbeitswelt von morgen! Sie hat auf der NEW WORK EVOLUTION 2020 die Teilnehmer restlos begeistert und wir freuen uns, dass Vera auch dieses Jahr wieder an Bord sein wird. Ein großes Dankeschön!

NEW-WORK-EVOLUTION-Team der AppSphere AG

Wie Ada fühlt sich bisweilen jeder, der in einer gewachsenen Organisation anfängt, Dinge zu verändern. Ich wünsche mir, dass jeder den Mut hat, Veränderungsbedarfe anzusprechen, und das Durchhaltevermögen, nicht bei der ersten Ablehnung aufzugeben. Mögen wir alle ein bisschen mehr Ada sein und die Arbeitswelt zum Guten verändern.

Carla Eysel, Vorstand Personal und Pflege Charité Universitätsmedizin Berlin

Ich habe mich beim Lesen spontan in Ada verliebt. In ihre – im positivsten Sinne – naive und visionäre Reise auf der Suche nach New Work. Die Metapher haucht dem (Buzz-)Wort „New Work" spielerisch und dennoch mit viel Tiefgang inhaltliches Leben ein. Die Fabel ist ein wichtiges Instrument, um sich selbst auf den Weg nach New Work zu machen. Als BeraterIn, HRlerIn,

UnternehmerIn oder einfach als Mensch mit einer Sehnsucht nach einem sinnhaften Arbeitsleben.

Dr. Georg Wolfgang, CEO + Founder Culturizer

Eine wunderbare Geschichte über die Realität in Unternehmen, wenn es um Transformation geht. Und eine tolle Übersetzung für alle, denen bisherige Lektüre zu Agilität zu theoretisch war. Ada ist die Ameise gewordene Perspektive der Mitarbeitenden, auf die wir unbedingt hören sollten auf dem Weg nach New Work!

Sylvia Borcherding, Geschäftsführerin 50Hertz Transmission GmbH

Vera Starker hat dem großen Begriff „New Work" ein Gesicht verliehen: Ada! Eine kleine Ameise, die uns mit Leicht(füß)igkeit zeigt, wie man mit Mut, einer Vision und neuen Ideen den Weg heraus aus eingefahrenen Unternehmensstrukturen ins „New Work" findet. LeserInnen entdecken mit viel Spaß die Motivation, genau diesen Mut aufzubringen, um mit Tatendrang und Ausdauer in die Umsetzung gehen zu wollen. Jeder kann Ada sein!

Karina Hollmann, Leiterin HR Bundesdruckerei

Über die Autorin

Vera Starker ist Autorin, Co-Founderin des Berliner Startups Next Work Innovation, Wirtschaftspsychologin, MBA in systemischer Organisationsentwicklung (Universität Augsburg/Johns Hopkins University Washington DC) und Rechtsanwältin mit Schwerpunkt Wirtschaftsrecht. Sie wurde bei Dr. Gunther Schmidt (MeiHei) in hypnosystemischer Beratung ausgebildet und ist Senior Coach im Deutschen Bundesverband für Coaching (DBVC). Vor ihrer Selbstständigkeit als Coach und Beraterin war sie national und international als Führungskraft und Geschäftsleitungsmitglied sowie in HR-Leitungspositionen tätig. Sie kennt das Business daher auch „von innen".

Bisherige Sachbuch-Veröffentlichungen:

Hypnosystemische Perspektiven im Change Management. Veränderung steuern in einer volatilen, komplexen und widersprüchlichen Welt. Springer Gabler 2017 (2. Auflage erscheint 2021)

Most Wanted: Chef der Zukunft m/w/d. Über den Wandel der Chef-Rolle in einer digitalisierten Welt. Rossberg Verlag 2019

Endlich wieder konzentriert arbeiten! Wertschöpfung im digitalen Zeitalter wirklich, wirklich neu denken, The Focused Company New Work-Book für Unternehmen. Rossberg Verlag 2020

Über den Illustrator

Matthias Schneider ist Kulturwissenschaftler, Autor, illustriert Sach- und Kinderbücher, initiiert und betreut interdisziplinäre Projekte im Film-, Musik- und Kunstbereich. Er ist Gründer und Inhaber einer Agentur für Musikmanagement, Mitgründer des Berliner Startups Next Work Innovation und hat zuvor jahrelang als freier Journalist u. a. für ARTE und das Goethe Institut gearbeitet.

Über den Rossberg Verlag

Rossberg ist ein 2019 gegründeter Sach- und Kinderbuchverlag mit Sitz in Berlin und in Buckow in der schönen märkischen Schweiz. Mit inhaltlicher und gestalterischer Freiheit werden hier anspruchsvolle Sachbücher und außergewöhnliche Kinderbücher jenseits des Massenmarktes verlegt. Die Bücher des Rossberg Verlages werden in Deutschland auf nachhaltigem Papier und mit Ökodruckfarben klimafreundlich gedruckt und wurden u.a. bereits von der Stiftung Buchkunst mit Long- und Shortlist-Platzierungen geehrt.
www.rossberg-verlag.de

Ebenfalls erschienen bei Rossberg:

Endlich wieder konzentriert arbeiten!

Wertschöpfung im digitalen Zeitalter wirklich, wirklich neu denken. The Focused Company New Work-Book für Unternehmen

Softcover, 180 Seiten, Sprache: Deutsch
ISBN: 978-3-948612-05-4
26,- €

Most Wanted: Chef der Zukunft m/w/d

Über den Wandel der Chef-Rolle in einer digitalisierten Welt

Ausgezeichnet mit der Longlist „Die schönsten deutschen Bücher 2020" der Stiftung Buchkunst.

Softcover, 216 Seiten, Sprache: Deutsch
ISBN: 978-3-948-61200-9
34,99 €